著者

ヨン・ラーセン

1959年生まれ。微隕石研究家で、ギタリスト、作曲家、音楽プロデューサー、画家としても知られる。微隕石は南極や海底でしか見つからないという定説に疑問を抱き、2009年に微隕石探査プロジェクト（プロジェクト・スターダスト）を立ち上げて微隕石研究に乗り出した。彼が世界で初めて人の多く住む場所で微隕石を発見したことが2015年2月に検証・確認され、この分野に大きなブレイクスルーをもたらした。2016年1月、ヨン・ラーセンの「都市の微隕石」コレクションは大英自然史博物館のマシュー・ゲンジ博士によって真正であると確認された。ノルウェーのオース在住。

監修者

野口高明（のぐち・たかあき）

1990年東京大学大学院理学系研究科博士課程修了（理学博士）。九州大学基幹教育院教授。専門は地球外物質の鉱物科学。隕石、微隕石、探査機が持ち帰った月・彗星・小惑星の試料を研究している。近年は、太陽の化石ともいわれる彗星を起源とする微隕石を南極の雪の中から見出し、天体形成時のプロセスや太陽系を形成した物質の研究を行っている。また、小惑星イトカワの物質をはやぶさ探査機の試料カプセルから発見したメンバーの一人である。

監修者

米田成一（よねだ・しげかず）

1960年生まれ。東京大学大学院理学系研究科化学専門課程博士課程単位習得退学。国立科学博物館理工学研究部理化学グループ長 理学博士。専門は宇宙化学、隕石学。隕石中の微量元素存在度および同位体組成に基づく原始太陽系の形成過程・環境の研究。主な著書に『地球と宇宙の化学事典』（分担執筆、朝倉書店）、監訳に『隕石―迷信と驚嘆から宇宙化学へ』（文庫クセジュ、白水社）、監修した展覧会に「元素のふしぎ」（2012）、「ノーベル賞110周年記念展」（2011-12）などがある。

訳者

武井摩利（たけい・まり）

翻訳家。東京大学教養学部教養学科卒業。主な訳書にN・スマート編『ビジュアル版世界宗教地図』（東洋書林）、R・カプシチンスキ『黒檀』（共訳、河出書房新社）、M・D・コウ『マヤ文字解読』（創元社）、T・グレイ『世界で一番美しい元素図鑑』、『世界で一番美しい分子図鑑』（同）、大英自然史博物館編『大英自然史博物館の《至宝》250』（同）など。

IN SEARCH OF STARDUST
Amazing Micrometeorites and Their Terrestrial Imposters
by Jon Larsen

© 2017 Quarto Publishing Group USA Inc.
Text © 2017 Jon Larsen
Photography © 2017 Jon Larsen, except as noted

Japanese translation rights arranged with
Quarto Publishing Group USA, Inc.
through Japan UNI Agency, Inc., Tokyo

微隕石探索図鑑――あなたの身近の美しい宇宙のかけら
（びいんせきたんさくずかん――みちかのうつくしいうちゅうのかけら）
2018年3月10日　第1版第1刷発行

著 者　ヨン・ラーセン
監修者　野口高明、米田成一
訳 者　武井摩利
発行者　矢部敬一
発行所　株式会社 創元社
　　　　http://www.sogensha.co.jp/
　　　　〔本社〕
　　　　〒541-0047 大阪市中央区淡路町4-3-6
　　　　Tel.06-6231-9010 Fax.06-6233-3111
　　　　〔東京支店〕
　　　　〒162-0825 東京都新宿区神楽坂4-3 煉瓦塔ビル
　　　　Tel.03-3269-1051

装 丁　長井究衡

© 2018, Printed in China
ISBN978-4-422-45003-2 C0044

本書を無断で複写・複製することを禁じます。
落丁・乱丁のときはお取り替えいたします。

JCOPY〈出版者著作権管理機構 委託出版物〉

本書の無断複写は著作権法上での例外を除き禁じられています。複写される場合は、そのつど事前に、出版者著作権管理機構（電話 03-3513-6969、FAX 03-3513-6979、e-mail: info@jcopy.or.jp）の許諾を得てください。

ミックス
責任ある木質資源を使用した紙
FSC® C101537
www.fsc.org

微隕石探索図鑑

あなたの身近の美しい宇宙のかけら

創元社

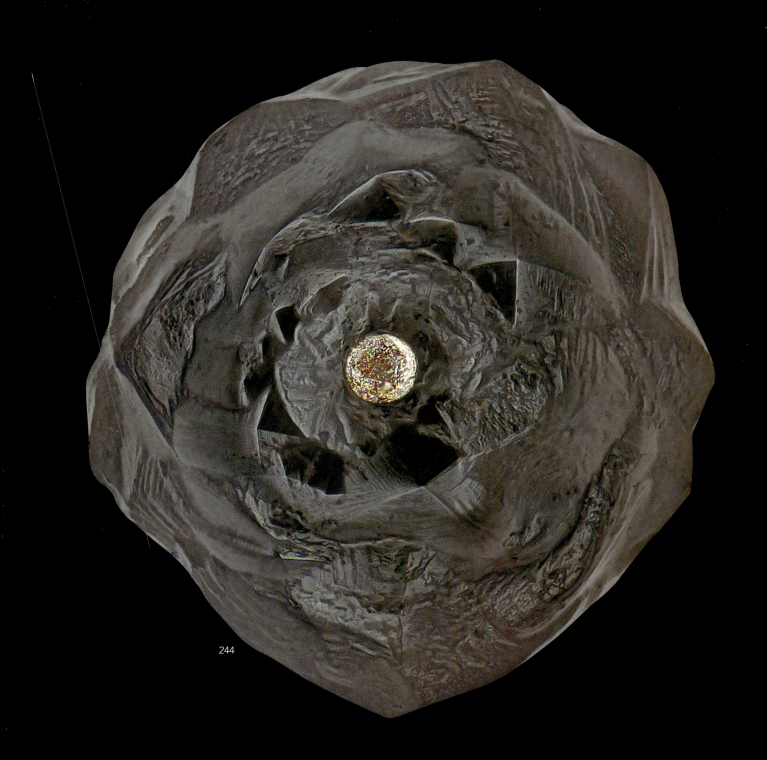
244

もくじ

はじめに 7
スターダスト・プロジェクト 9
本物の微隕石かどうかの見分け方 11
微隕石の起源、形成過程、飛来、分類 12

I 微隕石
走査電子顕微鏡画像 16
新コレクション 24

II 地球外からやってきた小球体
アブレーション小球体 76
謎めいたコンドルール 78

III 人間の活動に由来する小球体
I 型磁性小球体 82
大型鉄小球体 86
ナゲット、ビーズ（球体）、コア 88
溶接工場由来 90
火花 92
非磁性ガラス小球体 94
蒸気機関車由来の小球体 96
ミネラルウール 99
人間の活動に由来する小球体のケーススタディ 100

花火 103
黒色磁性小球体 107
屋根瓦やその他の屋根材 110
金属光沢を持つ炭素質の灰 112
赤色スコリア質小球体 115
人間活動の跡 118
その他のタイプの小球体 120

IV 地球由来の物体
角が取れて丸くなった鉱物粒 122
磁鉄鉱 124
閃電岩（フルグライト） 126
まぎらわしい生物由来物体 130
マイクロテクタイトとマイクロクリスタイト 132
ロナール・クレーター湖の小球体 134
ダーウィングラス 136
ヴォルホヴァイト──ロシアのミステリー 137
イベルライト 141
ウーイド（魚卵石）とピソイド（豆石） 143
ペレの涙──アクネリス 145
道路粉塵の中の結晶 147
ラーセン流 微隕石の探し方 150

謝辞 151
さくいん 152

左ページ：きめの細かい亀甲状微隕石。正面にニッケル／鉄の核が見える。高速で大気圏を通過することによって表面が溶融し、すみやかにはぎ取られて（アブレーションされて）、核が露出した。

はじめに

人が住んでいる場所で微隕石を見つけられるでしょうか？
100年近くの間、多くの人がこの疑問を抱き、実際に微隕石を見つけようとさまざまな試みを重ねてきたものの、答えは一言、「ノー」のままでした。私が微隕石プロジェクトをスタートさせた時も、学界を主導する研究者たちは「見つからない」説を支持していました。

一方、微隕石という驚くべき物体についての私たちの知識は徐々に増えてきました。微隕石の研究は、ジョン・マリーとアドルフ・エリク・ノルデンショルドといった初期のパイオニアからルシアン・ルドーやハーヴィー・H・ナイニンガーまで脈々と受け継がれ、進歩してきました。1960年代にはドナルド・E・ブラウンリーとミシェル・モレットによって微隕石の研究が科学と認められるようになりました。そしてここ20年ほどは、南極点の井戸から微隕石を抽出したスーザン・テイラーや微隕石の優れた分類を考案したマシュー・ゲンジのおかげで、研究の進展のスピードが上がっています。最近では微隕石に関する文献も増えていますが、それでも冒頭の質問の答えは「ノー」のままでした。

微隕石はこれまでは主に南極で見つかっていますが、そのほかに先史時代の堆積物、砂漠の奥地、氷河といった人間の活動による物質が紛れ込みにくい場所でも、ある程度発見されています。人が住んでいる場所での微隕石発見には、人間活動に由来する物質の混入という問題が乗り越えられない壁として立ちふさがっている、と考えられてきました。

ですから、人間の住んでいる場所で微隕石を実証的に探索し、あわせて人間活動および自然に由来するあらゆる種類の小球体を体系的に調査するプロジェクトの報告を本書で発表できることは、私にとって誇りであり大きな喜びでもあります。本プロジェクトの調査の結果、新鮮な宇宙球粒の「新コレクション」が出来ました。発見されたものは、大英自然史博物館の電子線マイクロプローブ分析器での検証も含め、何ヵ所かの機関で分析されました。この新しい都市部の微隕石コレクションは、本書によって初めて公開されます。

実際の微隕石がどんなふうに見えるかを知らなければ、見つけることはできません。ですから、高解像度のカラー画像による微隕石の形態学的研究を世界で初めてご紹介できることも嬉しく思っています。それが可能になったのは、優秀な同僚のヤン・ブラリュ・キーレと共に開発した新しいマイクロフォト技術のおかげです。彼なしではできなかったことでしょう。

さらに、ベルゲン大学の電子顕微鏡研究室のエーギル・セヴェリン・エリクセン、イレネ・ヘグスタッド、グンナー・サーレン、オスロ大学走査電子顕微鏡研究室のベリット・レーケン・バリとヘニング・ディプヴィク、オスロ自然史博物館のルーネ・セルベックとハラル・フォルヴィクの協力がなければ、この調査は決して成功しなかったと思います。素晴らしい研究仲間である彼らに心から感謝します。そしてなによりも、インペリアル・カレッジ・ロンドンのマシュー・ゲンジ博士は、私が見つけた最初のいくつかの微隕石の検証を行っただけでなく、善意で私を指導してくれました。彼はまた、ロンドンの大英自然史博物館で微隕石に関する極めて重要な電子線マイクロプローブ分析を始めた人物でもあります。彼には特別な謝意を表したいと思います。

ヨン・ラーセン

16〜23ページに掲載した新コレクションの微隕石の走査電子顕微鏡（SEM）画像は、主にロンドン自然史博物館（NHM）においてマシュー・ゲンジと著者が撮影した。それぞれの隕石の脇の数字は、目録番号である。16〜23ページの画像の一部は、目録番号にハイフンが付いている。これらは南極点の井戸（SPWW）で採取されたもので、エミリー・シャラーが撮影したそれらのSEM画像はスーザン・テイラー（アメリカ陸軍寒冷地研究所）の許可を得て掲載した。

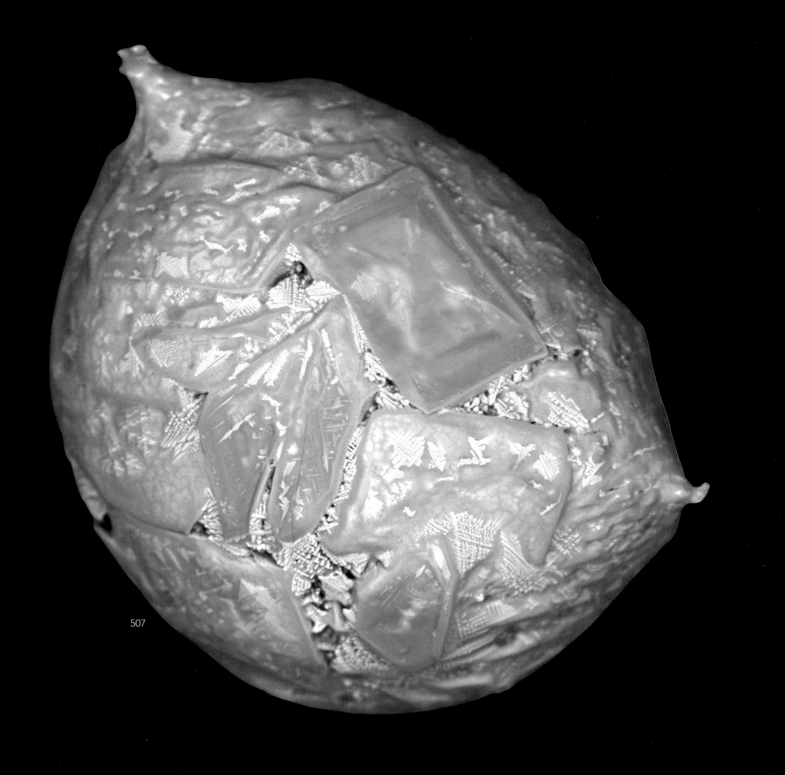
507

スターダスト・プロジェクト

　微隕石は、地球上で手に入る最も古い物質に属します。地球という惑星が形成されるよりも前の、鉱物のかけらだからです。もしかすると、太陽よりも古い宇宙塵、地球に存在するどんなものよりも遠くからやってきた宇宙塵を含んでいるかもしれません。地球外からやってきたこれらの石の研究はまだ始まったばかりですが、微隕石は私たちのまわりのどこにでもあります。

　2009年に微隕石が文字通り私の机の上に落ちてきてから、私は微隕石についてもっと知りたいと思うようになりました。そして、地球に降ってくる隕石の割合（14ページ参照）と、「人口の多い場所では微隕石は見つけられない」という定説との間の矛盾に興味を抱きました。このテーマを扱う学術論文は増えてきており、ベルゲン大学のグンナー・サーレンのはからいで私は同大の図書館の入館許可を得て、多くの資料に触れることができるようになりました。じきにはっきりわかったのは、微隕石探しには人間活動に由来する粒子が壁として立ちふさがっていて、その壁について研究した人はまだ誰もいない、ということでした。本書の82ページ以降で述べるように、人間の道具や活動が、微隕石と似た小球体を作り出しているのです。

　何十億個もの似たような粒子の中で地球外から来た1個の粒子を選び出すには、何を探せばよくて何は無視してよいのかという知識が必要です。最初、私は暗闇の中にいるも同然でした。その当時出版されていた南極の微隕石の画像は主に走査電子顕微鏡（SEM）による白黒の断面画像（16〜23ページ）で、実際の微隕石がどんな見た目なのかはろくに教えてくれません。また、微隕石と混同しやすい地球由来の小球体については、考察はたくさんあるものの、実証的なデータはほとんど見あたりませんでした。この分野での調査研究としては、NASA（アメリカ航空宇宙局）が1960年代に行った、宇宙から来た小球体と地球でできた小球体の比較分析や、近年のインドとハンガリーでの道路粉塵の研究まで、いろいろありました。けれども、どれも狭い範囲だけを扱っていて、「人の多い場所で微隕石とそれ以外のものをふるい分けるのは不可能だ」と結論づけていました。その一方で、「家庭でできる物理学実験」として雨どいの排水管で微隕石を探す試みが行われてきましたが、見つかったものが間違いなく地球外から来た粒子だと確認された例はありませんでした。

　2010年の春、私は人口の多い場所で採った塵のサンプルの体系的調査を始めました。最初は、空に向かって開けている硬い表面で長年の間に粒子がたまっていそうな場所、たとえば道路や屋根、駐車場、工場地帯などに注目し、それから徐々に他の都市、田園地帯、山、砂浜、砂漠などに移って、ありとあらゆる場所に目を向けました。6年が経ったいま振り返ると、すべての大陸の50近い国々に行き、1000ヵ所近くで実地調査を行ってきたことに気付きます。採取したサンプルはツァイス社製の双眼実体顕微鏡で観察し、興味を引かれた粒子を取り出してUSB顕微鏡で写真撮影をして、アーカイブに保存しました。画像データベースを作り（いまでは4万個以上の微隕石の写真が登録されています）、写真入りのデータ記録簿を作り、純粋な経験主義に全幅の信頼を置きながら、パターンを見つけようと努めました（因子分析）。成果を共有するため、フェイスブックに「プロジェクト・スターダスト（Project Stardust）」のページを開設しました。

　最初のうち、地球上で人間の活動や自然によって作り出されたさまざまなタイプの小球体は無限にたくさんあって混沌を極めているように見えました。けれども次第に、最も一般的ないくつかのタイプを見分けられるようになりました。地球のどこでも、似たような環境の場所で見つかる小球体のタイプには、驚くほど小さな差しかありません。本書で紹介した25種類は、どこでも見られる小球体の大部分を代表しています。微隕石は数がごく少なく、均等に分布しています。ですから、ある場所で特定のタイプの粒子がたくさん見つかったら、それは、その粒子が地球でできたものだということを示す証拠のひとつになります。

　私の研究に突破口が開けたのは2015年2月4日でした。イ

ンペリアル・カレッジ・ロンドンのマシュー・ゲンジが、私の発見した微隕石のひとつを検証して初めて本物と認めてくれたのです。それは横縞のある美しいカンラン石の表面全体に樹枝状の磁鉄鉱がちりばめられた石でした。大きさはわずか0.27 mm、発見場所はノルウェーのアーケシュフース県フロン市のブレヴィクでした。

ようやく、どういうものを探せばいいのかがわかりました。そこですぐにそれと似た石を探し、見つけました。最初のシーズンで私は500個以上もの新鮮な微隕石のコレクションを作り、そこには分類に示されている最も一般的なタイプがすべて揃っていました。

微隕石を細部まで精細に見るため、ヤン・ブラリュ・キーレと私は写真撮影システムを構築しました。改造したオリンパスのカメラを中心にして、新旧のコンポーネント(ハードウェア、ソフトウェアの両方)を揃えたのです。そこから生まれたのが、本書のカラー写真の数々です。高解像度のカラー画像を使った形態学的な細部の研究は、現場で集めたサンプルの中からどういうものを探し出せばいいのかを理解するうえで極めて重要です。

地球上で見つかる宇宙からの小球体の大部分は、地球の岩石ではめったに見られないコンドライト的な化学組成を持っています。コンドライトというのは小惑星起源の始原的な隕石で、地球に落下する隕石の9割弱を占めます。宇宙空間に漂う微小な流星物質(マイクロメテオロイド)が地球の大気圏に突入する時の角度が急であれば(15ページ参照)、溶融、分化、再結晶という独特な変化が急速に起こります。それと同時に、アブレーション(高速で大気圏を通過することで表面が溶融しはぎとられること)により隕石が磨滅し、地球上のどんなものとも似ていない独特な空気力学的特徴が生まれます。こうした形状と表面のテクスチャー(棒状／斑状(はんじょう)のカンラン石、樹状の磁鉄鉱結晶、部分的な磁鉄鉱の縁取り(マグネタイト・リム)、時にはニッケルを含む鉄の球体)があれば、多くの場合外見から微隕石と判断するのに十分です。疑わしい場合は、化学分析をお勧めします。

本書は、微隕石に関する決定版の書物ではありません。むしろその逆、はじめの一歩にすぎません。何年か前に私が人の暮らす場所で微隕石を探しはじめた時に、「こういう手引き書はないだろうか」と探したけれど見つからなかった、そんな本です。将来改訂版を出して、もっと幅広い小球体のパノラマと、もしかしたら新しいタイプの微隕石も何種類かご紹介できたらいいなと思っています。

本書の前半は新しい微隕石を、後半はそれ以外の小球体をあつかっています。後半はさらに、地球外から来た小球体(微隕石ではないもの)、人間活動に由来する小球体、地球上で自然に生成した小球体という3つの部分に分かれています。皆さんが人の住んでいる場所で集めた塵の中の混入物という迷路を通り抜ける時に、本書が道しるべの役を果たしてくれると信じています。これからたくさん見つかる可能性を秘めた始原的な微隕石という新しい領域を調べることで、太陽系の形成や、ひいてはわれわれ人類とはどんな存在なのかについて、新たな発見があるかもしれません。あなたに必要なのは、どこから探索を始めればいいかを知ることだけです。

本物の微隕石かどうかの見分け方

微隕石について繰り返し質問されることのひとつが、「どうやって本物だと確認するの？」です。簡単に答えるなら、「コンドライト的で表面のテクスチャーが微隕石特有のものであれば、それは微隕石と考えられる」になります。

微隕石が地球外から来たという決定的な証拠は、25年以上前に、微隕石内部の希ガスの分析や、惑星間空間にいた間に宇宙線の作用で生成した核種の検出に基づいて、提示されました。地球の磁気圏の外側で高エネルギーの宇宙線にさらされた粒子は、すべて何らかの変化をします。そうしてできた同位体を質量分析計で測定することで、微隕石が地球の外から来たことがわかったのです。

同位体以外にも、微隕石を特定するための手掛かりはたくさんあります。まず第一に、大部分の微隕石は──少なくとも、小さな砂粒サイズのものは──、主要元素（たくさん含まれる元素）と微量元素（わずかしか含まれない元素）の両方が、コンドライト隕石を丸ごと分析して得られる化学組成（バルク組成）と同様の化学組成を持っていて、そのことはエネルギー分散型X線分光分析（EDS）で簡単に調べられます。左下の図は、典型的な微隕石のX線スペクトルの一例で、私たちが集めた新コレクションの「微隕石445番」（本書49ページ）の分析結果です。

次に、小球体の中にニッケルを含む金属が存在していれば、地球外から来た可能性があります。ただ、ニッケルがないから微隕石ではないとは言えません。ニッケルや鉄はしばしば分化して微隕石のコアになり、表面では検出されないことがあるからです。多くの場合、重い金属は大気圏通過時の減速とアブレーションの際に慣性によって進行方向に押され、宇宙から来た小球体の5％近くでは表面に金属ビーズ（金属の微小な球体）が見られます。酸化鉄の縁の内部にニッケルが包み込まれていることもあります（47ページ参照）。3番目は、微隕石のまわりには一部または全体に磁鉄鉱の縁取り（マグネタイト・リム）があるという点です。この3つに加えて、それほど決定的な特徴ではありませんが、酸化カルシウムと酸化クロムの含有量が多いカンラン石や、酸化鉄が極めて少ないカンラン石といった、地球の岩石ではめったに見られない組成の場合、微隕石の可能性があります。

微隕石が大気圏を通るあいだに起きる独特なプロセス──溶融、分化、再結晶、アブレーションや磨滅──は、地球で生成した鉱物の粒子には見られない特徴的な構造を生み出します。いくらか経験を積めば、微隕石のそうした特徴や独特の空気力学的形状を識別できるようになります。そのうえで、人間活動や自然に由来する小球体のうち最もよくあるタイプについての知識を組み合わせれば、誰でも人口の多い地域で採取した塵のサンプルの中から微隕石を選び出せるのです。

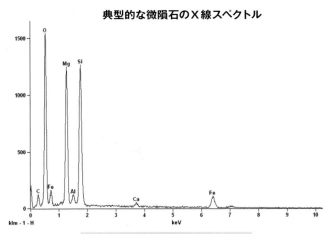

典型的な微隕石のX線スペクトル

定量結果

元素	重量（％）
C（炭素）	8.56
O（酸素）	57.86
Mg（マグネシウム）	13.39
Al（アルミニウム）	0.95
Si（ケイ素）	12.22
Ca（カルシウム）	0.54
Fe（鉄）	6.49
計	100.00

微隕石の起源、形成過程、飛来、分類

　微隕石がどこからやって来たのかについては、この分野を研究している学者の数と同じくらい多くの説があり、誰に尋ねるかによって違う答えが返ってきます。いわく、火星と木星の間の小惑星帯だ、カイパーベルトやオールトの雲の中の彗星に関係した物体だ、いろいろな惑星からの噴出物だ、星間物質だ、などなど。始原的な隕石に含まれる物質のうち最大で0.1％くらいは太陽系ができるよりも前の粒子だと推測されています。もしかしたら微隕石にも同じことが言えるかもしれません。その一方で、すでに分化した天体（月や小惑星ヴェスタなど）に起源を持つエコンドライト〔溶融により分化した隕石で、地球の火成岩に似ている〕的な微隕石も存在します。長い長い歳月の間に、岩石惑星やその衛星と大きな小惑星の衝突が何度も起こり、それによって大量の岩石が宇宙空間に放出されました。すべての惑星体とその周囲の塵のリングの間で大規模な物質の交換が行われ、黄道光ダスト雲〔惑星間空間にある微小な塵が比較的多く存在するところ〕がそれらの物質の一時的なたまり場になっている、と想像することができます。この考え方はほんの数年前まで、SFの世界の絵空事だと考えられていました。

　人間の暮らす場所で見つかる微隕石という新しい情報源は、これからどんどん増える可能性があります。うまくいけば、将来はそうした微隕石の情報を生かして多数の微隕石の同位体バリエーションの体系的マッピングが進み、結果として微隕石の母体天体についてのデータが増えるかもしれません。微隕石の源が太陽系の内外にあるすべての"塵を生み出す天体"の組み合わせであると明らかになったとしても、驚きではありません。

　微小な流星物質が地球の大気圏に突入する速度は、最も速い場合はライフルの弾丸の50倍にもなります。地球の公転と自転に対する相対的な入射角度（15ページ参照）に応じて、流星物質が摩擦熱のピーク温度によって受ける変性プロセスにはかなりのバリエーションが生じます。大きさが0.1 mm未満の微小流星物質のうちおよそ半数はゆっくりと減速し、非溶融の微隕石として地上に到達します。残りの半数は、1350

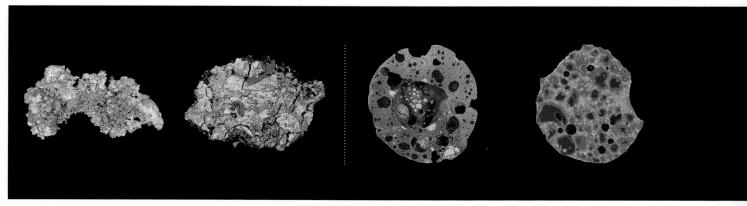

～1350 ℃　　　　　　　　　　1500 ℃

非溶融　　　　　　　　　　スコリア質

〜2000℃のピーク温度に達します。これは、さまざまなタイプの溶融小球体を作るのに十分な高温です（この見開きページの画像を参照）。球は最小の表面積で最大の体積を得るために自然が生み出した形で、液体の表面張力によって球形が作られます。同時に急速な分化が起こり、重い元素（鉄、ニッケル、白金など）は中心部へ移動してコア（核）を形成し、揮発性の元素は蒸発します。鉄は大気中の酸素と反応して樹枝状の磁鉄鉱になり、表面に小さなクリスマスツリーが散らばっているような見た目になります。飛行中の減速時には慣性によって重いコアが進行方向へ押されますし、微隕石は多くの場合スピン（回転）し、アブレーションや磨滅によって特徴的な空気力学的形状になります。こうした形成プロセス全体が、微小流星物質が終端速度で地球に落ちる前のまばたきするほどの短い時間に起こるのです。レーダー観測に基づいて推定された微隕石の一般的な飛来率は、1年間に1平方メートルあたり直径0.1 mmのものが1個程度とされています。

2008年にマシュー・ゲンジがセシル・オングロン、マテュー・グネル、スーザン・テイラーとともに『The Classification of Micrometeorites（微隕石の分類）』という論文を発表しています。これが現在のところ最も包括的な微隕石の論文です。この論文はインターネットで自由に読むことができ、微隕石に関心を持つ人は必読です。前述のように微隕石のさまざまなタイプは、主に大気圏内を飛行中にピーク温度と冷却の具合（急冷／徐冷）によって形成されます。いろいろなタイプの中間の形態もありますが、微隕石の化学組成は驚くほど均一で、主にコンドライト的組成（11ページのスペクトルを参照）です。ただ、そのなかにいくらか小さなバリエーション（ないし、稀なバリエーション）が見られます。今後研究が進めば、現在の分類に新しいタイプが追加されるかもしれません。多くの目がこの分野にそそがれ、多くの手が微隕石探しをするようになれば、微隕石学は宇宙から飛来した石を普通の人たちが研究する、エキサイティングな新分野——宇宙自体と同じようにどんどん膨張する分野——へと成長する可能性を秘めています。

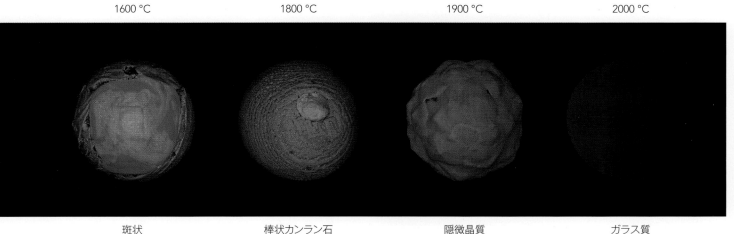

1600 °C　　　1800 °C　　　1900 °C　　　2000 °C

斑状　　　棒状カンラン石　　　隠微晶質　　　ガラス質

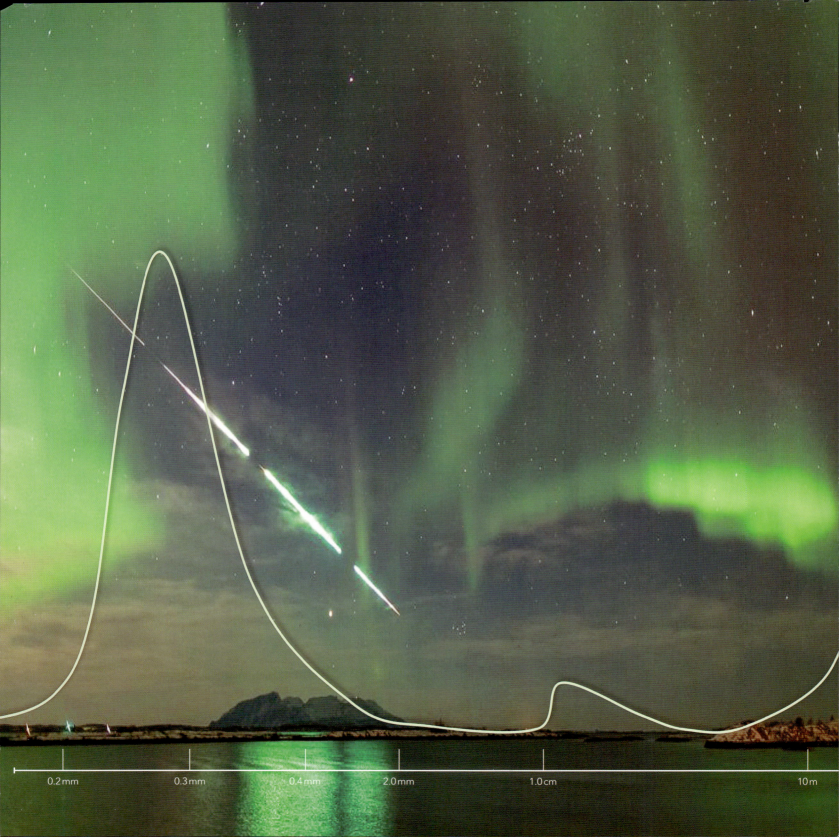

| 0.2mm | 0.3mm | 0.4mm | 2.0mm | 1.0cm | 10m |

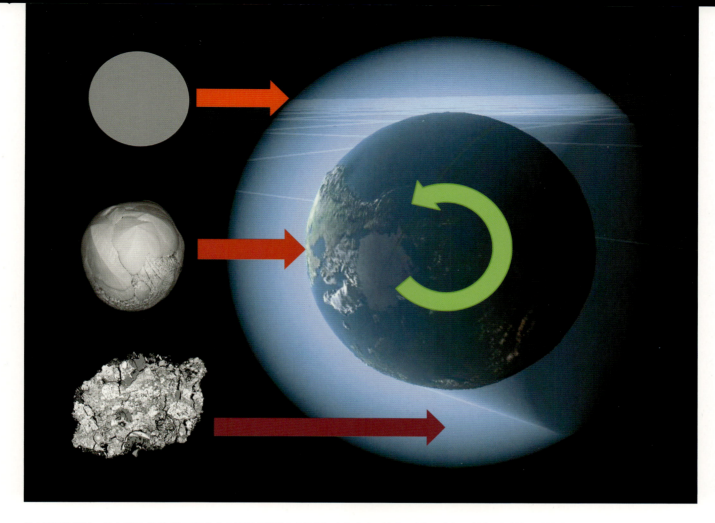

微小流星物質は、最大でライフル弾の50倍もの速度で地球の大気圏に突入する。地球の公転・自転に対する相対的入射角度に応じて大気圏通過時のピーク温度が変わり、形成プロセスにかなりの違いが生まれる。
上の図の左に並ぶ3つの微隕石は、一番上が完全に溶融したガラス質、真ん中が細粒と棒状カンラン石が組み合わさったもの、下が非溶融のものである。大きさが0.1 mm未満の微小流星物質のうちおよそ半分はゆっくりと減速し、非溶融の微隕石として地上に到達する。残りの半数は、1350〜2000℃のピーク温度に達する。これは、さまざまなタイプの溶融小球体を作るのに十分な高温だ。

左ページ：宇宙から地球に飛来する物質の質量分布。グラフの左の方が微隕石で、0.2 mmから0.4 mmにかけてはっきりしたピークがある。そこから減少して約2 mmから1 cmのあたりではゼロに近くなるが、ここは流星になる部分である。質量も運動エネルギーも大きいこのサイズのものは大気圏中で燃え尽きて、後にはナノサイズの隕石煙粒子だけが残る。およそ1 cmから数メートルまでの大きさは隕石であり、右端の方は、大きいかわりにめったにない小惑星である。
微隕石は、質量合計で言えば地球外からやってくる物質の3グループ（微隕石、隕石、小惑星）のうち最大の集団で、飛来率は1年間に1平方メートルあたり直径0.1 mmのものが1個程度だ。しかし、宇宙からくる小球体の平均的な直径は0.3 mm前後で、直径0.1 mmのものと比べると27倍くらいの物質を含んでいる。だから、私たちが人の多く住む地域で微隕石を探す場合、面積が50平方メートルの屋根の上であれば、1年間に見つかる可能性がある宇宙小球体は50個ではなく2個程度になる。

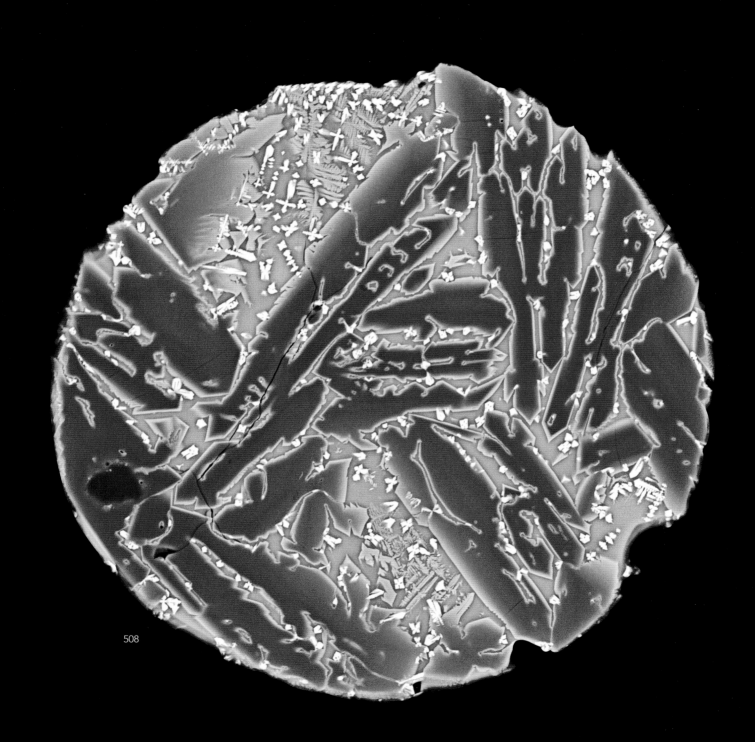

I 微隕石

走査電子顕微鏡画像

　樹脂に埋め込んだ微隕石を走査電子顕微鏡（SEM）で観察した断面画像は、隕石の内部構造の正確な分析を可能にしましたが、実際の微隕石がどんな外見なのかは、それらの画像からはほとんどわかりません。けれども、微隕石の形態を理解し、最終的に人の住んでいる地域で集めた塵のサンプルのなかから微隕石を見つけ出すためには、微隕石の基本構造を知っている必要があります。

　16〜23ページに載せたSEMの反射電子像は、主にマシュー・ゲンジと著者が「新コレクション」を大英自然史博物館で分析して撮影したものです。それぞれの微隕石には目録番号が付いていますから、史上初めて、同じ石のカラー写真とSEM画像を比較することができます。68ページの写真は、3つの微隕石を3通りの方法で撮影してあります（カラー写真、SEM表面画像、SEM断面画像）。

　16〜23ページの画像の一部は、目録番号にハイフンが入っています。これは南極点に位置するアムンゼン・スコット基地の井戸（SPWW）から発見された南極微隕石レファレンスコレクションの標本をダートマス大学のエミリー・シャラーが撮影したSEM画像で、スーザン・テイラー（アメリカ陸軍寒冷地研究所）の許可を得て本書に掲載しています。

　左ページのSEM断面画像は斑状微隕石（大きさ0.2 mm以下）で、大きな暗色のカンラン石結晶、灰色の樹枝状輝石、白い磁鉄鉱結晶の小片が含まれています。このページ下は微隕石の主な3タイプで、左が斑状（19、21、35〜37ページ参照）、真ん中が隠微晶質（亀甲状、4、27、42ページ参照）、右が棒状カンラン石（18、38〜41ページ参照）です。

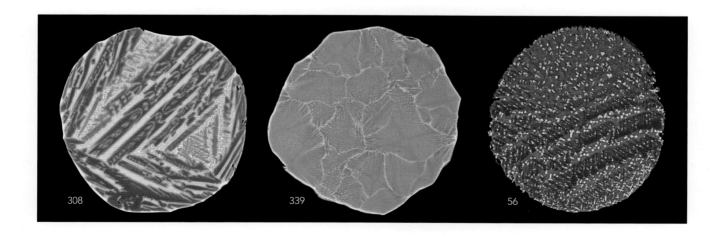

棒状カンラン石微隕石

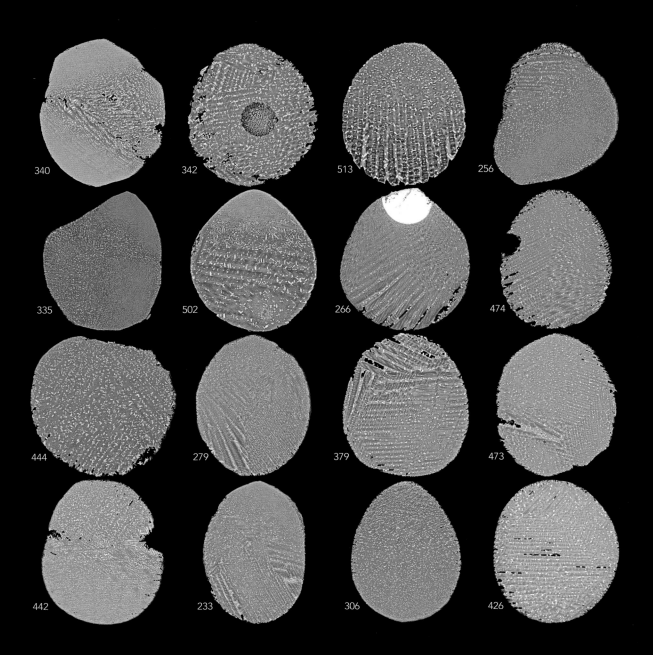

斑状微隕石

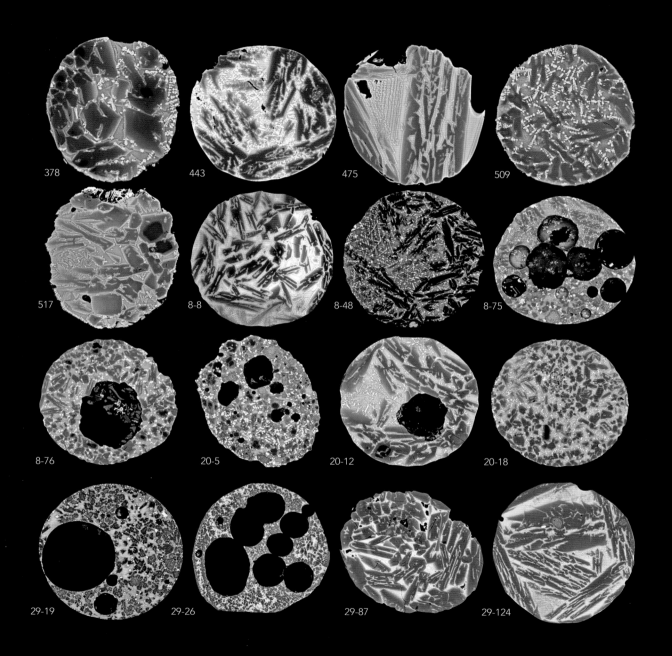

隱微晶質微隕石

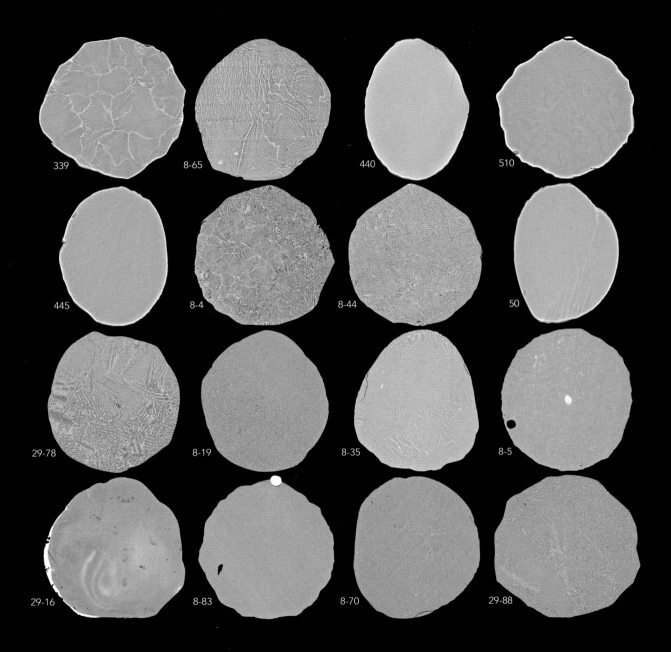

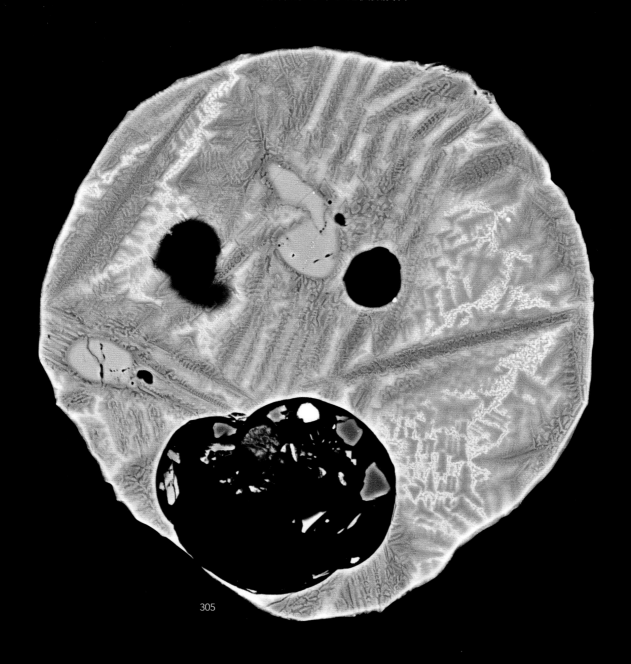

残留粒子のある斑状微隕石

ガラス質微隕石

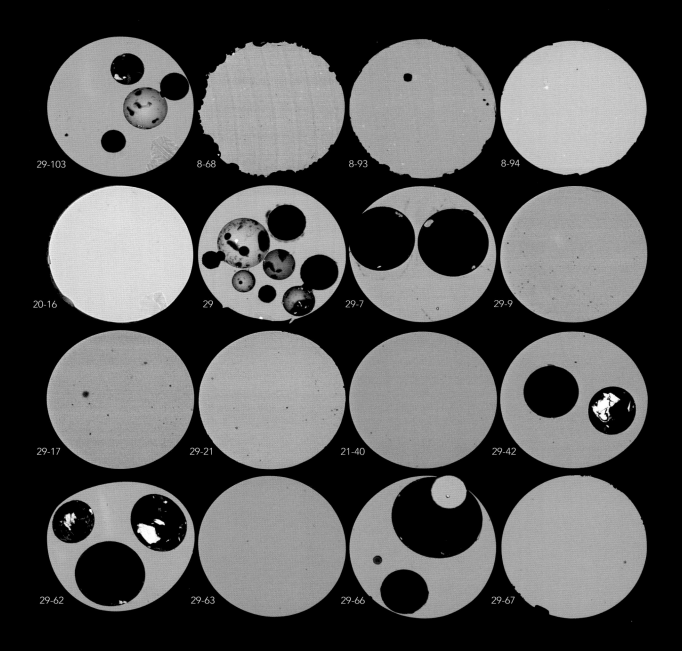

いろいろな微隕石

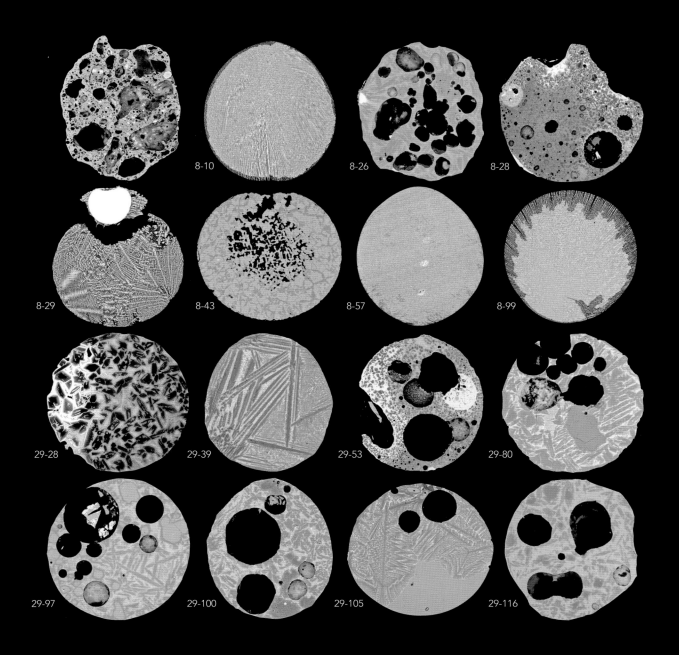

新コレクション

　以前の研究は、主に微隕石の化学、形成過程、真贋検証、分類に関するさまざまな側面を中心にして行われていました。通常、その目的に一番関連が深いのは、SEMの反射電子像（16〜23ページ）です。けれども、人の多く住んでいる場所で微隕石を探すためには、微隕石の外見がどんなふうかを知ること——つまり微隕石の形態学——が必要不可欠です。

　本書のここからしばらくは、「新コレクション」の微隕石の写真と走査電子顕微鏡画像による見た目の紹介です。微隕石の形態が高解像度のカラー写真で体系的に記録されたのは初めてのことです。このプロジェクトのために、ヤン・ブラリュ・キーレの協力を得て顕微鏡写真の新技法を開発しました。

　長い間、さまざまなタイプの微隕石捕捉器が隕石ハンターたちによって作られてきました。非溶融微隕石を採集するためのウォータートラップのように成功したものもありますが、微隕石の飛来率が低いことを考えると、本当に有効な捕捉器を作ろうとしたらかなり大きなサイズにしなければならないでしょう。宇宙からの小球体を何千個も採取するためには、サッカー場くらいの（またはそれ以上の）広さが必要で、さらに粒子が集まるまで何十年も待たなければいけません。そんな施設を作るためのハードルは高すぎますから、断念した科学者はひとりやふたりではありません。けれども、微粒子集めに適していて、すでに粒子がたまっている場所が、あなたの身近に存在しています。それは、屋根や屋上です。

　「新コレクション」の微隕石は主に、建築後かなり歳月の経った（古いものでは築50年くらいの）建物の屋根と屋上で見つかりました。ですから、これらの微隕石が地上に落ちてからの年数は0年から50年で、他の微隕石コレクションの大部分と比べると格段に新しいといえます。たとえば、南極大陸で発見された微隕石の大半は（融雪から採取されたコンコルディア・コレクションは別として）、地球到着後1000年〜70万年経っていて、それ相応に風化しています。

　屋根や屋上のような空に向かっている場所を定期的にモニタリングすることで、将来はより正確なサンプリングが——うまくいけば、1週間以内（あるいは1日以内）に降ってきた微隕石の採取が——可能になるに違いありません。毎年の流星群の時期に注意深い準備（採集場所のクリーニング）をしておけば、一部の彗星に由来する物質を特定できるようになるはずですし、長期的な飛来率の変化を観測することもできるでしょう。

　以下のページに載っている微隕石は、ひとつひとつにノルウェー微隕石（NMM）データベースの目録番号が付されています。データベースにはそれぞれの微隕石の履歴——いつどこでどのように発見されたか、どのような分析が行われたか、おおまかな分類など——が登録されています。本書にはそうしたデータは載せてありませんが、著者にご連絡いただけば提供することができます。また、画像にはその石のサイズが書かれていません。大きさの違いはあまりないからです。ほとんどの微隕石は0.2〜0.3 mmで、例外はいくつかしかありません。次ページの微隕石はその例外のひとつで、0.5 mmという超大型です。本書の微隕石はほぼすべて、2015年にノルウェー各地で行った85回の探索の際に採取されました。唯一の例外は199番（53ページ）で、フランスのフォンテンブローで見つけたものです。

455

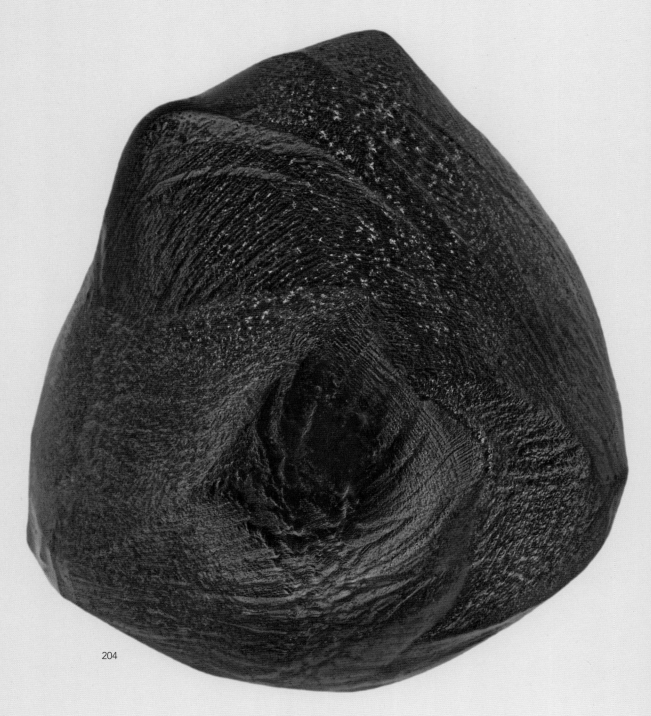

204

26

隱微晶質微隕石

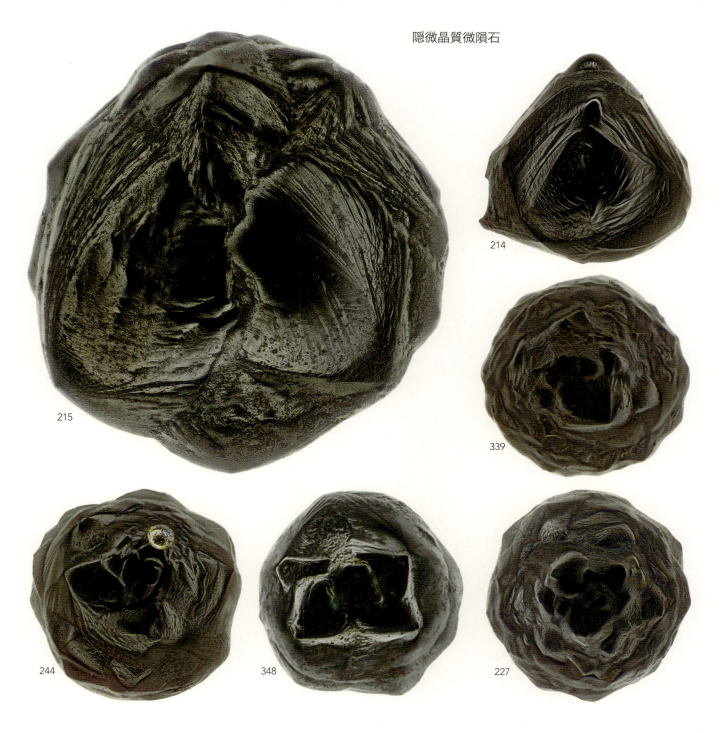

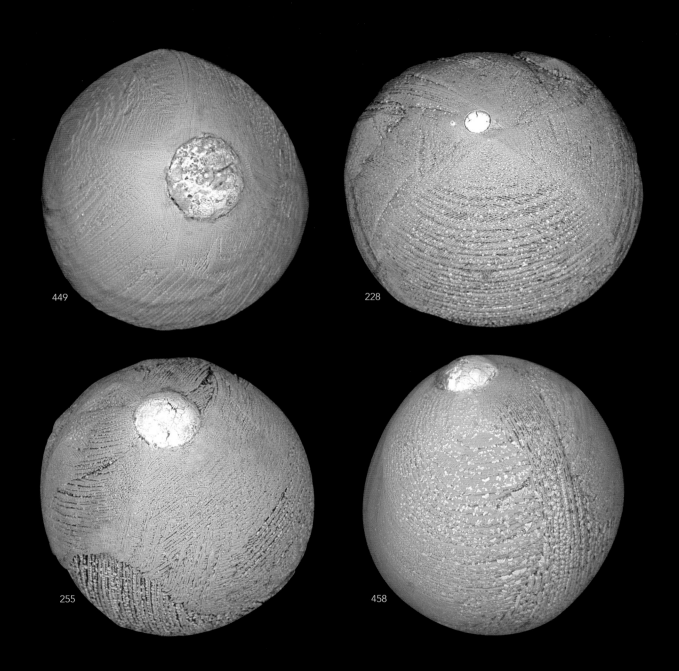

棒状カンラン石微隕石

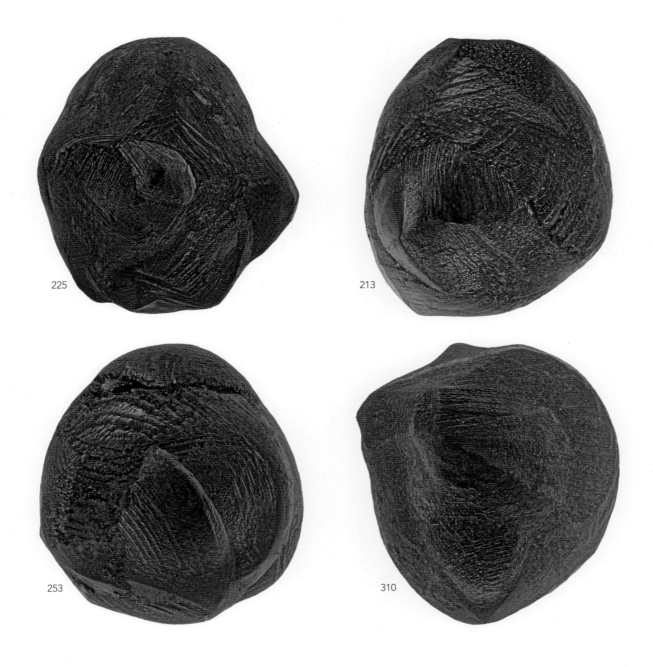

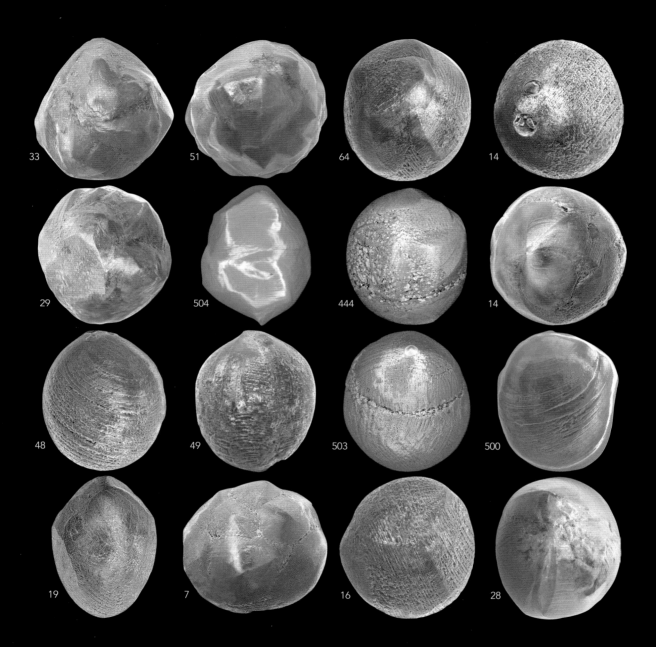

338

棒状カンラン石微隕石

斑状微隕石

447

斑状微隕石

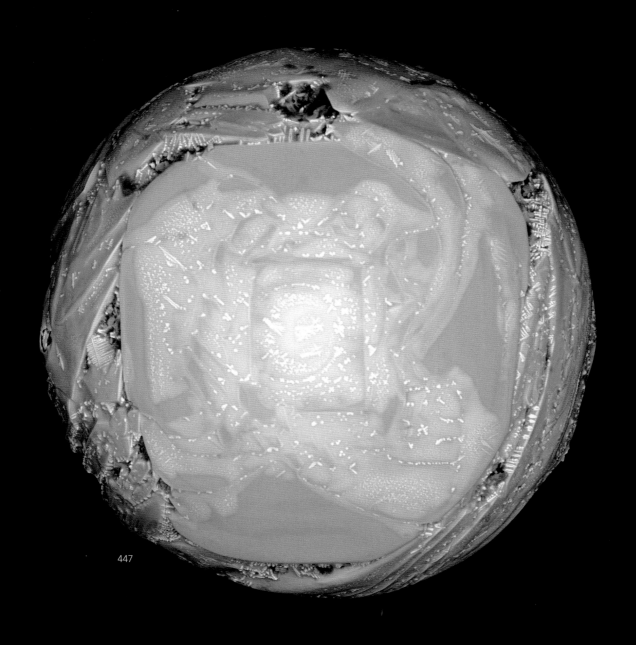

447

38

340

棒状カンラン石微隕石

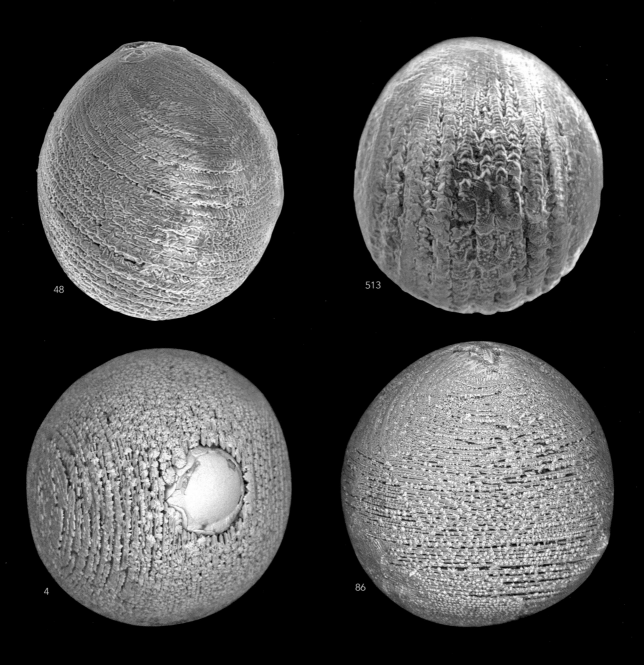

226

41

隱微晶質微隕石

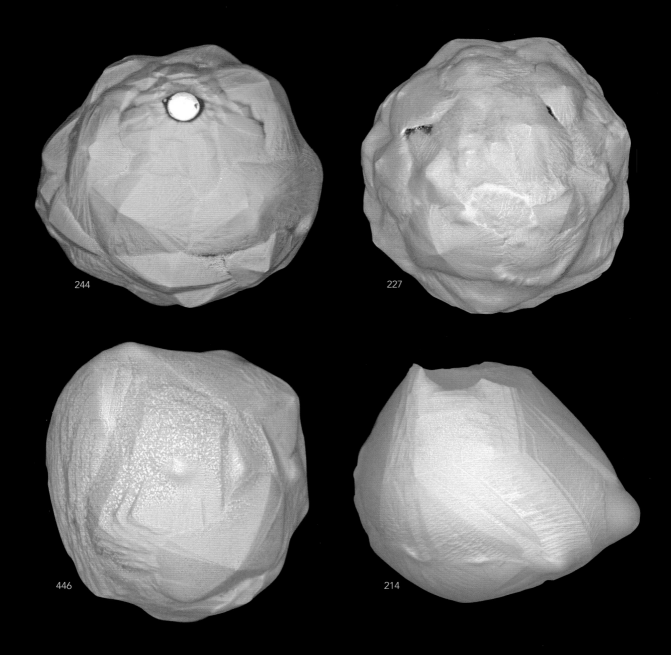

477

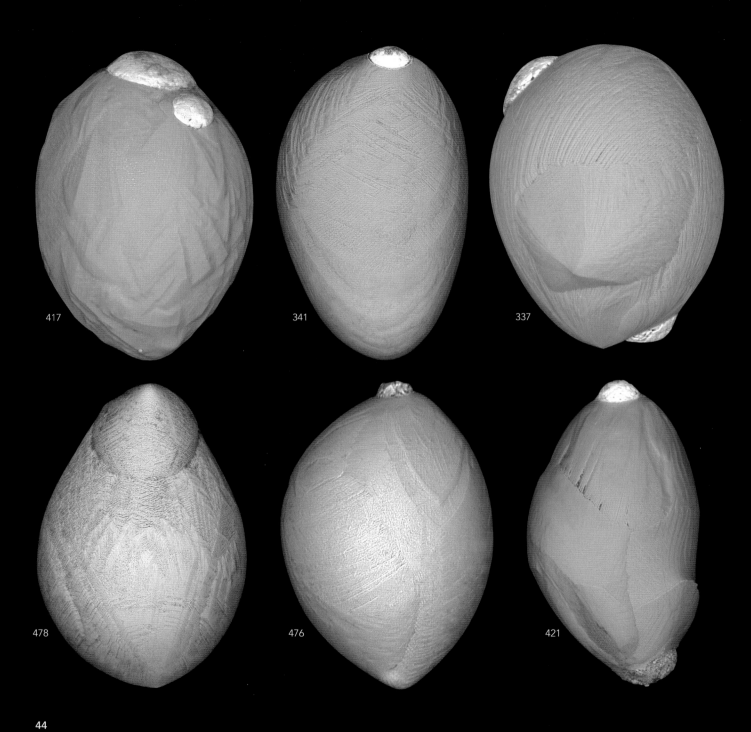

500

516

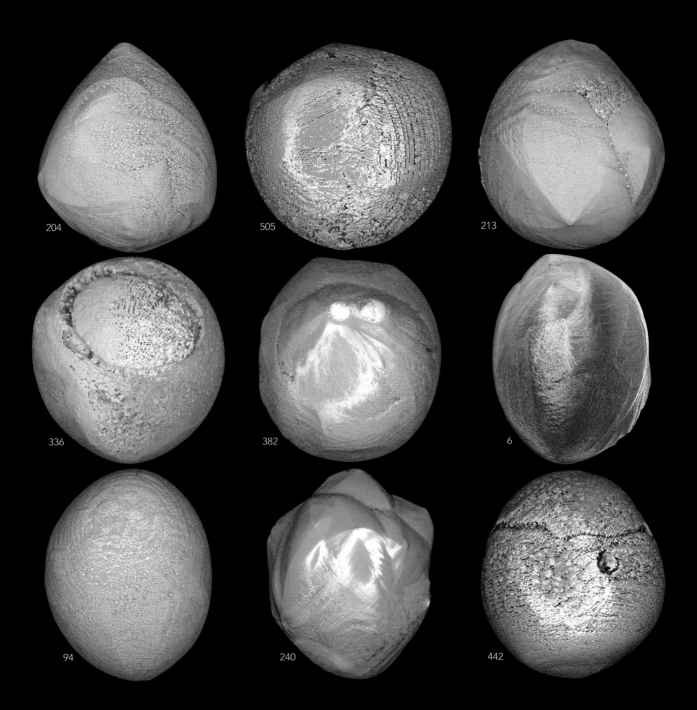

ガラス質微隕石

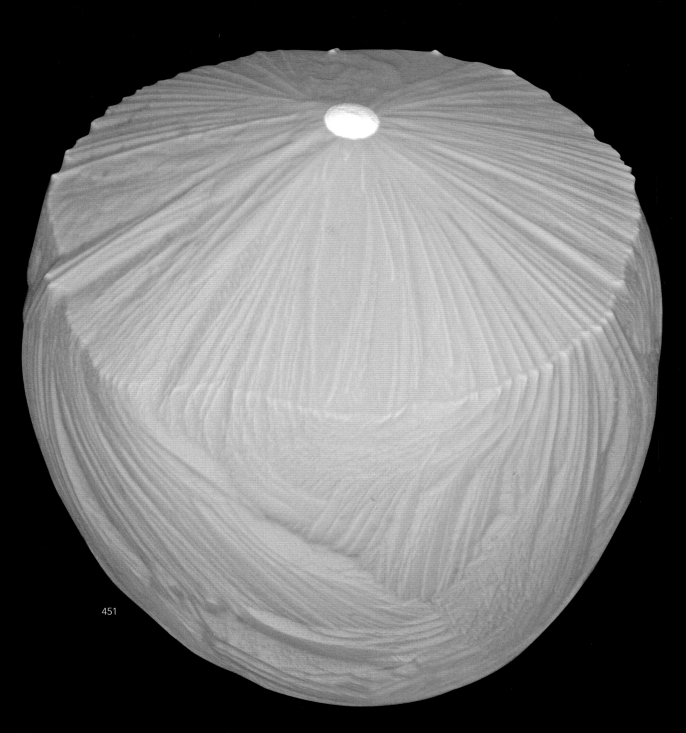

451

52

458

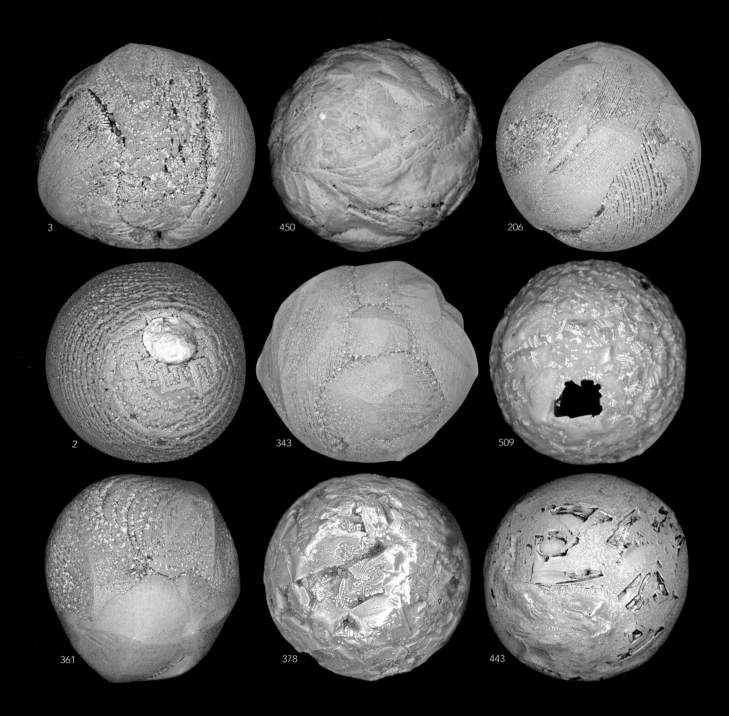

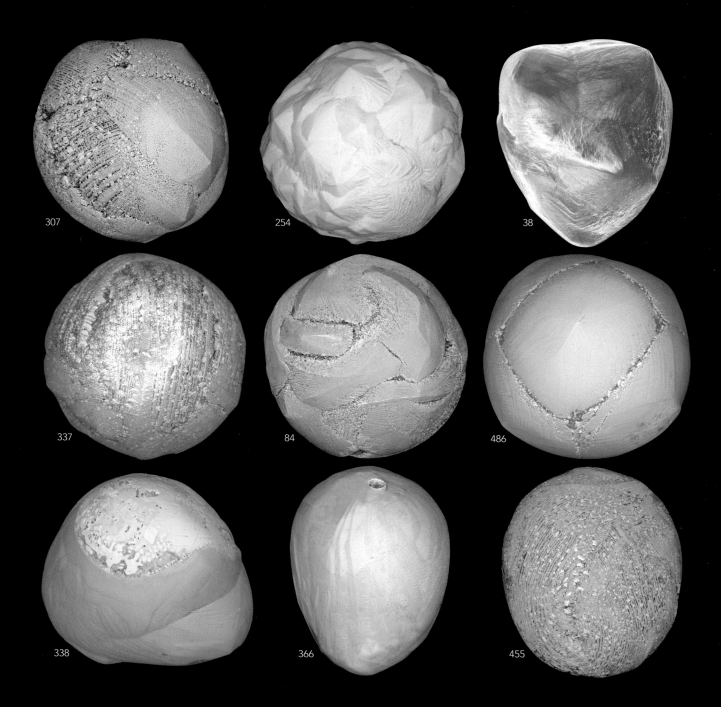

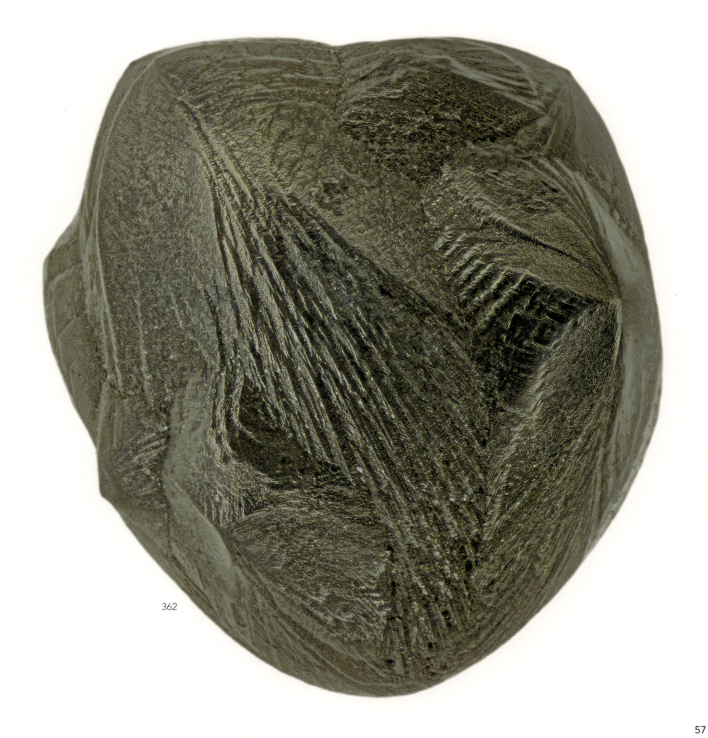
362

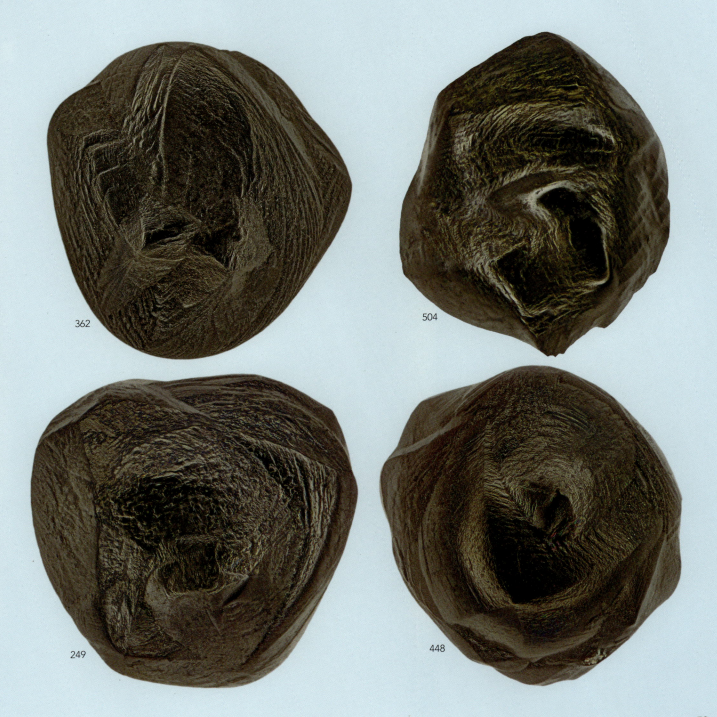

451

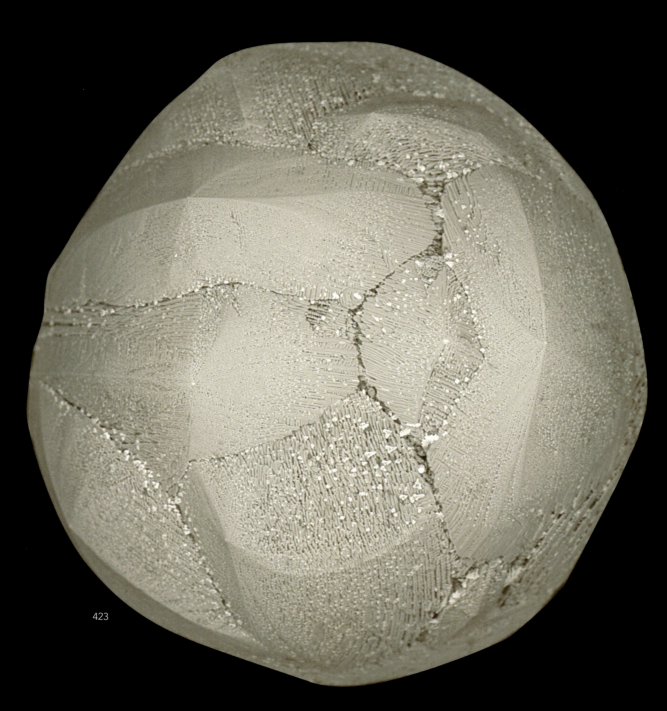

423

443

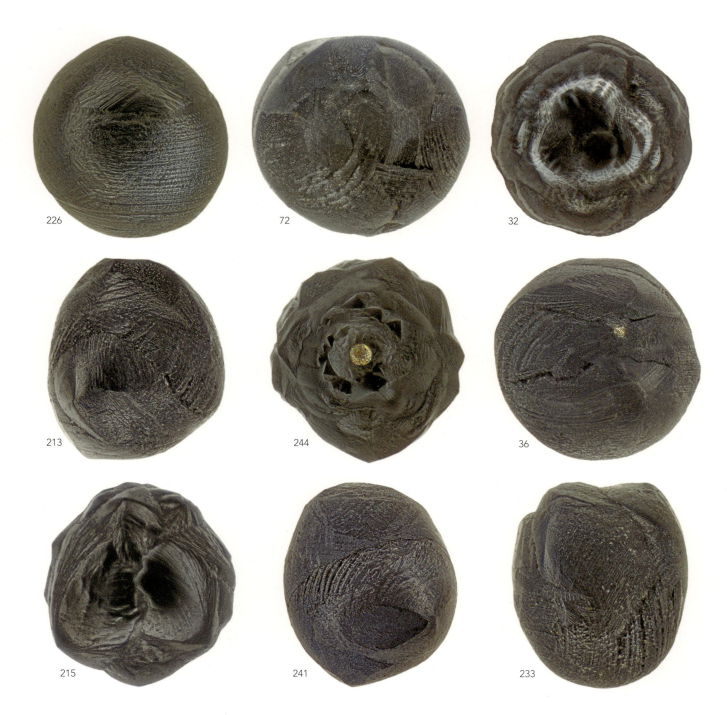

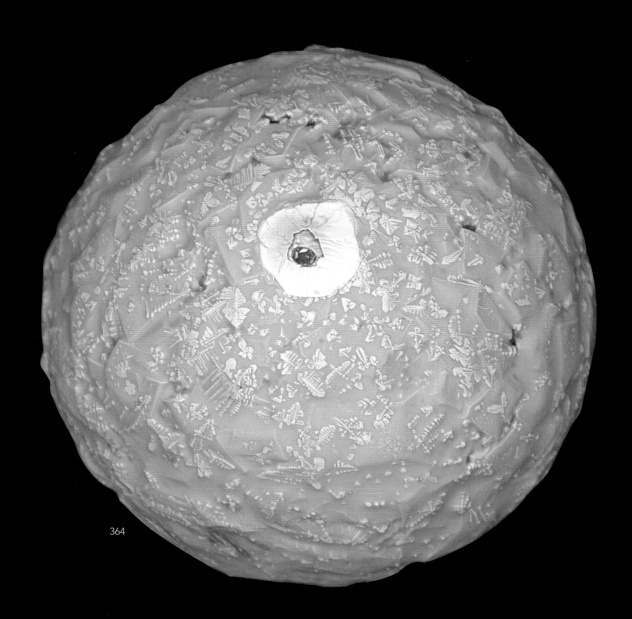

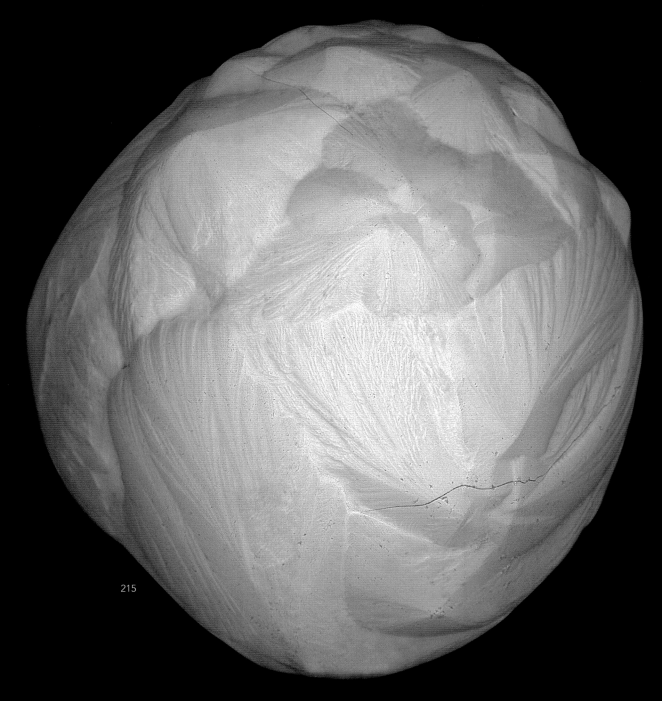

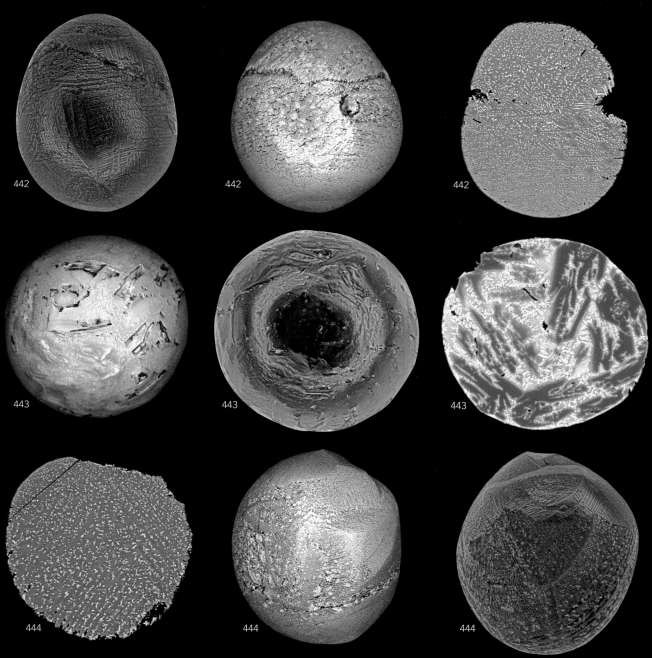

382

365

SEM断面画像の細部

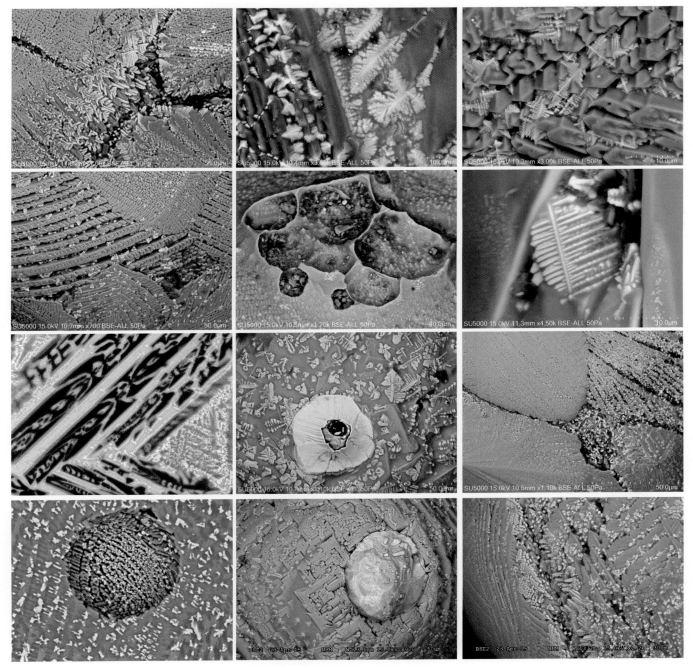

クリスマスツリー

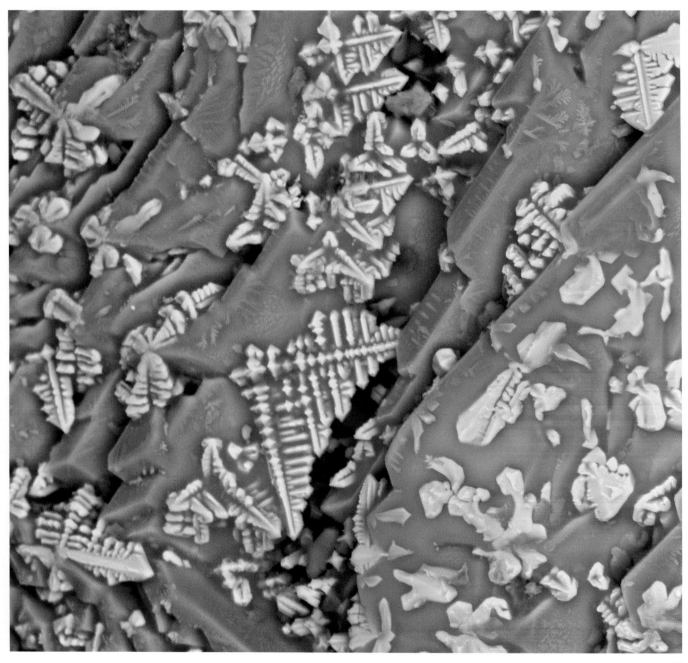

505

SEM断面画像の細部

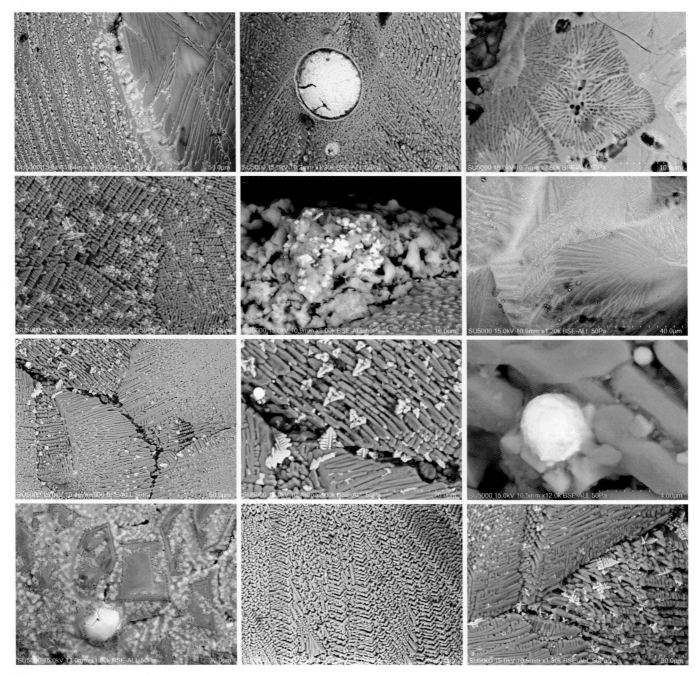

498

II 地球外に由来する小球体

アブレーション小球体

平均的な隕石は、大気圏通過中に質量の85%を失うと見積もられています。大気圏中で失われたうちの一部は、アブレーション小球体になります。

アブレーション小球体は、大気との摩擦によって融けて隕石からこすり落とされた、楕円球状の微小物体のことです。この言葉は、地上で見つかる微小球体を全部まとめて表現する時によく使われます。おそらく、微隕石という単語をあいまいな意味で使うことを避けるためにそうしているのでしょう。アブレーション小球体は、地球の外からやって来たのは確かですが、真の微隕石ではありません。なぜなら、宇宙空間にあった時には微小ではなかったからです。アブレーション小球体はむしろ隕石の溶融皮殻〔隕石が高速で大気圏を通過する際に表面が加熱溶融されてできた黒っぽい溶岩のような被膜〕と密接に関係しています。

以下のページで紹介するアブレーション小球体（0.1～0.2

mm以下）は、2013年2月15日にロシアのチェリャビンスクに隕石が落下した際のものです。白い新雪の上に黒い塵のように落ちていました。大きかった隕石のうち1万2000～1万3000トン（99.99％以上）が大気圏で溶融し削り取られたと見られています。削られた塵の雲は予想に反してジェット気流によって成層圏まで吹き上げられ、その後この微粒子の雲は7日間にわたり北半球全体を覆って、やがて地上に落ちました。

SEM: TATYANA GORNOSTAEVA/IGEM RAS

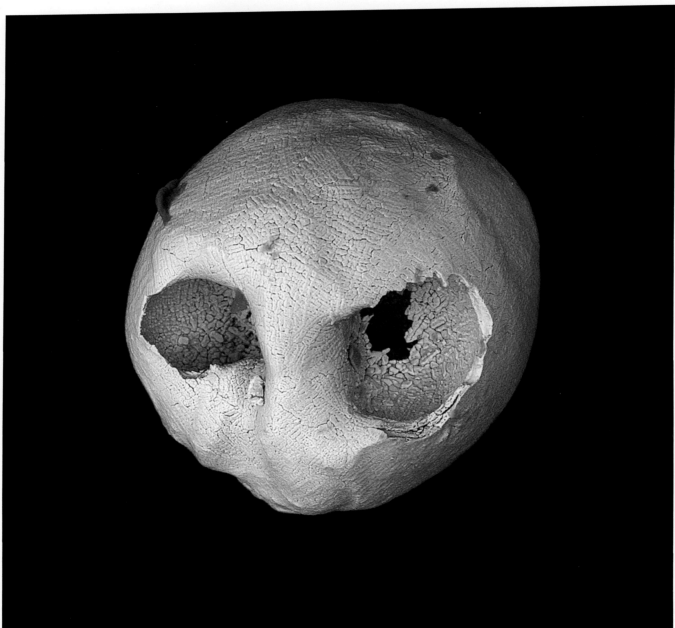

地球外に由来する小球体

謎めいたコンドルール

　2012年10月23日、グリニッジ標準時12時30分。モロッコ南部、タタ近くのイザルザルとベニ・ヤクブという2つの村の上空で火の玉が目撃されました。飛散地域が広範囲に調査されましたが、この隕石は非常に壊れやすかったため、質量の大部分は飛行中にバラバラに分解してしまい、小さなかけらと、はずれやすいコンドルールしか発見されませんでした。隕石落下から数日以内に採集されたコンドルール（大きさは0.8〜3.0 mm程度）のうち22個の写真を78ページに載せています。

　コンドルールというのは、始原的な隕石の内部で見つかる高温で形成された小さな球状の粒で、火成組織（溶けた岩石が固化した組織）を持ち、サイズは数ミリ以下です。およそ45億6000万年前に原始太陽系星雲内で急速な温度上昇によって生成したとされ、地球上で最も古い鉱物片と比べて1億6000万年も古い物質です。粒子の粗い微隕石の大部分は、コンドルールに源を持つと考えられています。

　78〜81ページのコンドルールは、それぞれ以下の隕石に由来します。このページの上段：ビュルボレ（Bjurböle）、フィンランド、1899年、分類はL／LL4。同下段：ヴァレ（Valle）、ノルウェー、2013年、H-コンドライト。80、81ページ：NWA 5929、アフリカ北西部、2009年、LL5。78ページ：イザルザル（Izarzar）、モロッコ、2012年、H5。45億6000万年前に形成されたこれらのコンドルールは表面に棒状、放射状、斑状のテクスチャーがあり、金属ナゲット（クロム、ニッケル、鉄）を含み、さらにはコンドルール複合体もいくつか見られます。

コンドルール

地球外に由来する小球体

コンドルール

Ⅲ 人間の活動に由来する小球体

Ⅰ型磁性小球体

　宇宙由来の小球体には、磁性を持つⅠ型（鉄が主要元素）の小球体もあります。それらは酸化鉄で、主に磁鉄鉱（強い磁性を持つ鉱物。2価の鉄イオン1個、3価の鉄イオン2個、酸素イオン4個からなる化学組成を持つ。124〜125ページも参照）とウスタイト（2価の鉄イオン1個と酸素イオン1個からなる化学組成を持つ鉱物）です。この小球体は風化しにくいのですが、もともと数が非常に少なく、溶融微隕石全体と比べても2％程度しかありません。ただし、深海底で採取されたコレクションには豊富に含まれています。これは、それ以外の石質の微隕石の方が風化しやすいからです。

　さて、磁性の微隕石を都市部で探そうとすると、多数のⅠ型小球体が見つかります。けれども、こちらのⅠ型小球体は地球外から来たものではありません。人間の活動に由来する物体です。機械や製造業の工程や、あらゆる種類の動力工具——ガス溶断トーチ、研削盤の砥石車、アングルカッターなど——はⅠ型小球体を作り出し、できた小球体は風や雨や人間によってあらゆる場所へと運ばれます。

　Ⅰ型小球体の場合、化学組成をEDSで分析しても、ニッケルのビーズ（微小な球体）や白金族のナゲットが含まれているといった別の手掛かりがない限り、起源が宇宙か地球かを判断できません。ですから、人が多く暮らしている場所で見つかるⅠ型小球体（たとえばこの前後のページで紹介している例）は、地球外から来たことが証明されない限り、人間の活動に由来すると考えたほうがよいでしょう。

Ⅰ型磁性小球体

Ⅰ型磁性小球体

人間の活動に由来する小球体

大型鉄小球体

　通常のI型小球体は、地球外から来たものと人間が生み出したもののどちらも、中心部が空洞になっていることがあります。これは表面から急速に固化するためです。一方、大型のI型小球体の場合は、化学組成は同じく酸化鉄ですが、空洞がなく、形態も通常のI型と異なります。わずかに細長いことが多く、時には表面がいびつな多面体のようになっています。通常のI型小球体と違って、大型のI型は急速に錆びますから、錆びた砲弾のように見えます。

　大きさが0.5〜1.0 mmのこの小球体がどのようにしてできたのかは不明ですが、間違いなく地球上で生じたものです。表面には、摩擦の痕跡をはじめとした特徴がありません。道路沿い、特にカーブや急坂で大量に見つかるので、自動車に由来する可能性があります。もしかしたら大型トラックのブレーキ系統に関係しているのかもしれませんが、あくまでただの推量にすぎません。重要なのは、大型のI型小球体は地球外から来たものではないということです。けれども、道路粉塵のなかから微隕石を探す際には、このタイプの小球体について十分な知識を持ち、識別して除外することが必要です。

ナゲット、ビーズ（球体）、コア

　宇宙に起源を持つ小球体のおよそ5％には、白金族〔ルテニウム、ロジウム、パラジウム、オスミウム、イリジウム、白金の6元素の総称〕のナゲットや、ニッケル／クロムを含む微小な球体（ビーズ）や、その他のタイプの金属を包有するという特徴があります。大きさは、1ミクロン以下の白金族ナゲットから、大きなナゲットつまりコア（核）までさまざまです。微隕石のなかには金属のビーズがはずれた後の穴があいているもの（67ページ）がありますから、抜け落ちたニッケル／鉄のコアが見つかる可能性もないとは言えません。

　液化した粒子では、重い元素が内側に沈んでコアになる"分化"が急速に起こり、表面張力で全体の形が球状になります。本ページ以下で紹介する、人間の活動による小球体でも同じことが起きます。これらの小球体と本書の第Ⅰ章の微隕石を比べると、こちらには空気との摩擦の跡や磁鉄鉱の"クリスマスツリー"が見られないことに注目して下さい。

人間の活動に由来する小球体

人間の活動に由来する小球体

溶接工場由来

　人の多く住んでいる場所で微隕石を探すうえで立ちはだかる最大の壁が、地球外から来た粒子と地球でできた粒子の識別です。ここで道を示してくれるのが、2500年前の中国の兵法書『孫子』の教えです。いわく、「彼を知り己を知れば百戦殆うからず」。この古代の知恵に導かれて、私は溶接工場を訪れ、床に落ちているものを集めさせてもらいました。
　集めた塵のサンプルを双眼実体顕微鏡で観察したところ、さまざまな形態学的特徴を持った磁性小球体のパノラマが繰り広げられているのが見えました。複合的粒子、双子の粒子、飛沫や破壊によって形成されたものが主体でした。つまり、そうしたものは微隕石探しの際に除外してよいということです。どの小球体がどの動力工具から出たものかを正確に知ることはできませんが、人間の活動に由来する小球体の特徴的性質は見分けることができ、地球外から飛んできた可能性のある物体の候補を絞ることができます。

火花

　それほど遠くない昔、喫煙が当たり前だった頃には、タバコに火をつけるライターの火花が飛ぶたびに微隕石と見分けがつかない小球体が作り出されるという理由で、人の暮らす場所での微隕石探しは不可能だろうと考えられていました。

　このページの写真の小球体は、ライターの着火時にできたものです。走査電子顕微鏡の検査で使うカーボンプレートに火花が当たるようにしてライターの火をつけ、採取しました。多数の小球体が見つかりましたが、どれもコンドライト的な化学組成は持っていません。また、画像左下の寸法目盛に注目して小球体の大きさを見て下さい。粒子は大きくても5〜6 μm（マイクロメートル）で、平均的な微隕石の50分の1、微隕石コレクションに含まれている球体の実質的な下限と比べても10分の1です。大きさが50 μm未満の小球体を除外することで、混入物の多くを排除できます。

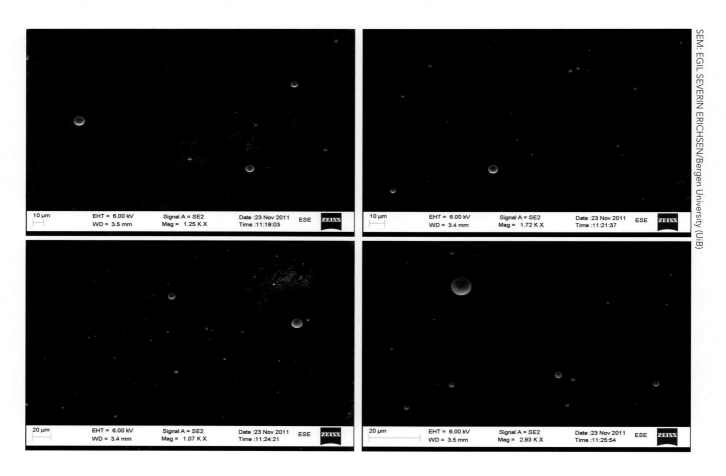

SEM: EGIL SEVERIN ERICHSEN/Bergen University (UiB)

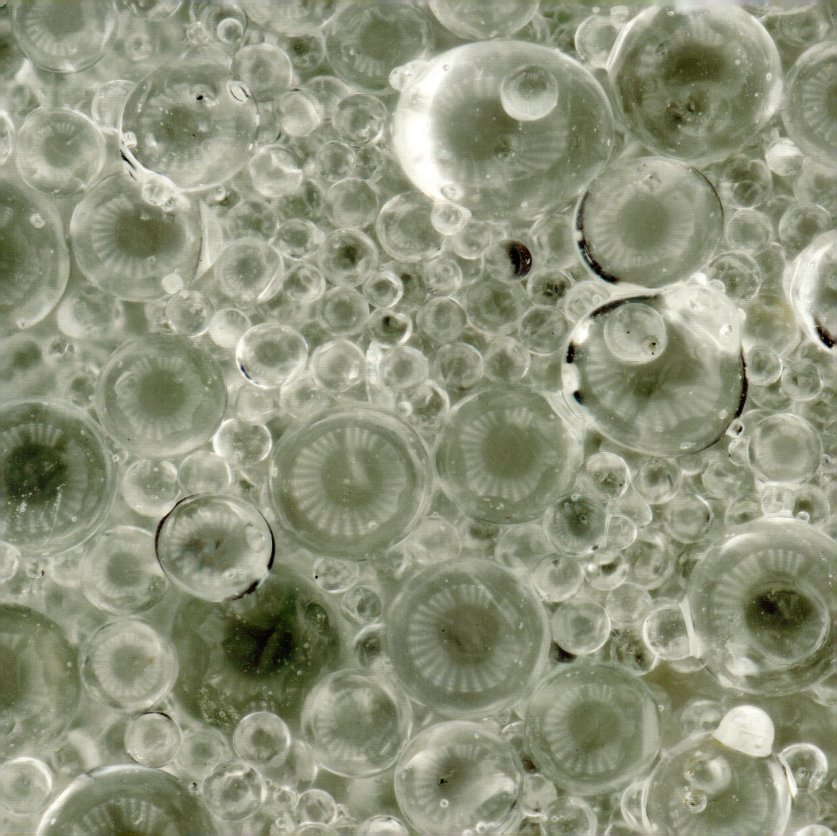

非磁性ガラス小球体

　宇宙から来る小球体の98％近くは石質で、そのなかには完全に融けてガラス状になった小球体もあります。これらはV型（ガラス質）微隕石と呼ばれ、通常は球形で透明ですが、細かい気泡がたくさん入っていることもあります。色は無色から茶色か緑がかった色で、普通は磁性がありませんが、ニッケル－鉄の球体を含んでいる場合は別です（46、51ページ参照）。

　世界中どこでも、人の多い場所で最も一般的に見られる小球体のタイプは、道路の路面標識に由来する非磁性ガラス小球体です（93ページ参照）。こうした再帰反射ガラスビーズは、完全に無色透明な石英ガラスから一定のサイズで工業的に生産されており、時には都会の道路粉塵の大半を占めることもあります。動力工具、産業活動、人間の活動からも、さまざまなガラスの小球体が生み出されています。そうしたガラス粒子は、色や小さな気泡など、宇宙から来たガラス質小球体に似た特徴を持っていることもあります。けれども、複合的な形態や複数の"尾"などの特徴があれば、地球でできたものとみなすことができます。

　いまのところ、宇宙から来たガラス質小球体と人間の活動に由来するガラス粒子を形態だけで識別することはできません。コンドライト的な化学組成を確認して地球外に起源を持つことを確定するには、EDS分析が必要です。ですから、I型小球体（83ページ）の場合と同様に、人間が多く住む地域で見つかったガラスの小球体は、明確に地球外のものだと証明されない限り、すべて人間の活動に由来すると考えるのが無難です。

人間の活動に由来する小球体

蒸気機関車由来の小球体

　鉄道の線路のそばには列車に由来する小球体が落ちているから、そこで微隕石を見つけるのは不可能だと広く信じられていますが、それは誤解です。微隕石探求の初期には、蒸気機関車から出る混入物のことを考えてくじけてしまった研究者がいたかもしれませんが、現在は機関車が走っているところはめったにありません。

　96〜98ページの写真は、ノルウェーのアーケシュフース県にあるセールンサンドという町で、テルティッテン線を走る古い蒸気機関車のボイラーと煙室の中から見つかった微小物体です。これらの小球体は、もとは燃料（この場合はポーランド産の高品質石炭）に不純物として含まれる小さな鉱物でした。驚くほど多様な形のバリエーションがあることがわかります。

人間の活動に由来する小球体

人間の活動に由来する小球体

ミネラルウール

　このページの写真はロックウールなどのミネラルウール（鉱物繊維）からできる粒子です。ミネラルウールは玄武岩と石灰岩が原料で、これらの鉱物を1600℃まで加熱し、融けて液体になったところで紡績チャンバーの中に吹き込むと、空中で固化して繊維になります。繊維の端に小さな滴のような塊ができて、それが小球体に似ていることはよくあります。球体に"尻尾"が1本かそれ以上ある例も多く見られます。磁性はなく、化学組成は地球の玄武岩に似ています。

　ノルウェーのモスという都市に調査旅行をした際、キルケパルケン高校の屋上でサンプルを採取する機会がありました。この高校ではハラル・コルデルップとアンネシュ・レコーが微隕石採集装置を作っていました。3 km離れたところにロックウール製造工場があります。工場の排ガスは粒子捕捉フィルターを通したうえで放出されているにもかかわらず、0.2〜0.5 mmのロックウールの小球体が高校の屋上で見つかりました。たぶん、風に乗って運ばれてきたのでしょう。

　ミネラルウールは世界各地で断熱材として使われており、写真のような滴形や球形の粒子はまったく思いがけない場所でも見つかります。化学分析をすれば、コンドライトかどうか——微隕石かどうか——は簡単にわかります。

人間の活動に由来する小球体のケーススタディ

　2010年からの5年間、年に2〜3回の割合で、ノルウェーのトロンハイム市を通るインハルツヴァイン通りの300 mの区間にある3ヵ所の横断歩道の中央の島状安全地帯〔横断中に信号が変わっても歩行者が道の中央に留まっていられるように設けられている場所〕で、道路粉塵を採集しました。最初の頃のサンプルには、変則的な粒子が混じっていました。それは0.3〜1.5 mmの緑色の非磁性ガラス小球体で、2800 gの道路粉塵のなかに最大で75個も——だいたい大さじ1杯分——含まれていました。けれどもその粒子の数は次第に減っていき、4年後にはゼロになりました。

　採集地から少し高台へ向かったところに、ストリンハイムトンネルという新しいトンネル道路の出口の建設工事現場がありました。タイヤの溝に微細な破片が詰まった巨大な建設機械が行き来していました。そうした破片が雨や融雪水で道路に落ち、横断歩道の安全地帯の周辺にたまったのでしょう。この変則的な小球体の発生源がどこだったのかはまだわかっていませんが、トンネルの掘削、動力工具、発破、あるいはトンネルの防音素材などが可能性として考えられます。

　それらは99ページのミネラルウール由来の小球体に似ていますが、形はずっと多様でした。流れるような帯状のシュリーレン構造やパーカッションマーク〔衝撃でできる細かい半円状の傷〕に似たものがあり、小さな気泡を含み、時には金属の小さな粒も含まれています。このガラス質小球体と一緒に、非磁性の天然のケイ素の小球体、炭素質の灰（113ページ参照）、道路粉塵ざくろ石（147〜149ページ）も見つかりました。現在は工事が終わってトンネルが開通したので、道路粉塵の中にはもうこのようなガラス質の小球体は見当たりません。

人間の活動に由来する小球体

花火

　花火と閃光は化学の中でもとりわけ見た目が派手で華やかですが、火薬の火花のひとつひとつが小球体を作り、特定の場所ではその小球体が豊富に見つかります。花火の色を出すには、さまざまな金属塩（主に炭酸塩と塩化物）が使われます。たとえば、ストロンチウム／リチウム（赤）、カルシウム（オレンジ）、ナトリウム（黄色）、バリウム（緑）、アルミニウム／チタン／マグネシウム（銀色／白）、銅（青）などです。閃光剤でよく使われるのは硝酸ストロンチウム、硝酸カリウム、過塩素酸カリウムです。

　花火で生じる小球体の大部分は、顕微鏡で見ればそれとわかります。鮮やかな色をしているか、形に特徴があるか、「目」と呼ばれる独特の金属ナゲットがあるからです。疑わしい場合でも、ほとんどEDS分析で判別できます。

　けれども、花火でできたと思われる小球体で、悩ましいものもあります。そのうち一部の小球体は、コンドライトに近い化学組成にバリウムが加わったように見え、また別のものは亀甲タイプ（27ページ）に似ているのです。どうやら、花火の火花は微隕石に似た小球体を作れるほどの高温と摩擦を伴うようです。ただし、花火でできた小球体には、微隕石で見られるクリスマスツリー状の構造がありません。このタイプの小球体は、人の暮らす場所で微隕石を分離する際の精度を上げるために、今後もっと研究が必要な分野のひとつです。

人間の活動に由来する小球体

花火

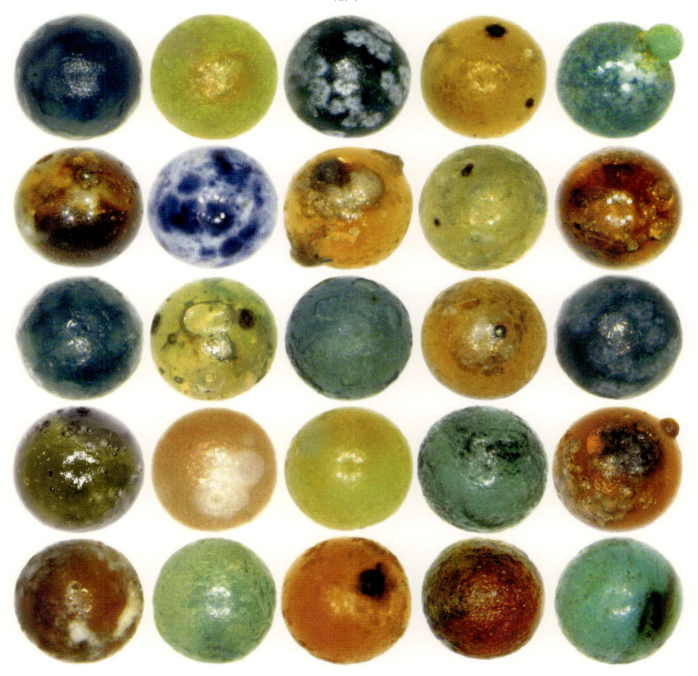

人間の活動に由来する小球体

黒色磁性小球体

　微隕石に関する少し古い文献には、「黒色磁性小球体（BMS）」というものについての記述がよく出てきます。この言葉はかつては微隕石全般を指して使われることが多かったのですが、今ではその意味では使われません。そのかわり、人が多い場所で微隕石を探していると、黒色磁性小球体と呼ぶのが一番ぴったりな、さまざまな小球体に出くわします。

　BMSはしごくありふれていて、地域によっては豊富に見つかります。そのことだけでも、地球でできたものだとわかります。BMSの主な源はアスファルトコンクリート、屋根材、アスファルト接着剤で、これらはケイ酸アルミニウムや鉄といった球状の添加物も含んでいることがあります。BMSの外見は黒光りするガラス（ガラス質／準ガラス質）から金属質／準金属質を経て鈍い灰色まであり、表面構造はさまざまで、形状も完全な球形から複合的な（いくつかのパーツがくっつきあった）形まであります。BMSの内部はたいていの場合均一な黒色で、時には中心に小さな空洞があったり、放射状の構造が見られたりします。

　黒色炭素（ブラックカーボン）やフライアッシュは、自然界でも工業でも、炭素が不完全燃焼を起こすと生成します。このエアロゾル粒子は世界中で見つかります。とはいえ、黒色炭素は本書で紹介しているBMSとは大きさが違うので、容易に区別できます。黒色炭素の直径は大きくても0.0025 mm（2.5 μm）で、平均的な微隕石の100分の1未満です。

人間の活動に由来する小球体

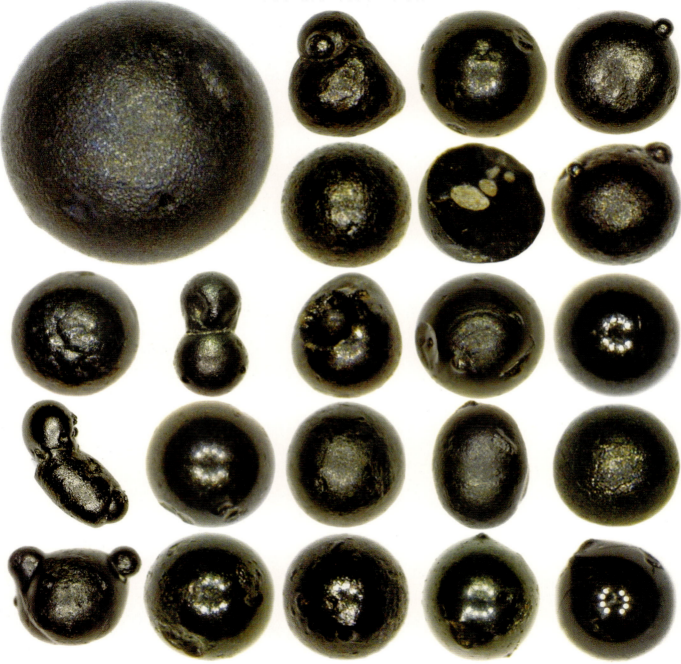

アスファルト

人間の活動に由来する小球体

屋根瓦やその他の屋根材

　屋根で微隕石を探す際には、屋根材が浸食されてできたいろいろな物質に出くわします。勾配屋根の瓦は伝統的にテラコッタまたはコンクリート製で、しばしば、鉄分を多く含む着色接着剤に細かい砂を混ぜた塗膜で覆われています。こうした磁性の粒子（0.2～1.0 mm）が浸食されて、雨どいにたまっていることがよくあります。アスファルトの屋根材が風化して出来た粒子については、106～109ページを参照して下さい。

　スレートの屋根材で葺いた屋根は、浸食されても主に非磁性の鉱物粒子になりますから、そこは微隕石探しにもってこいの探索場所です。

金属光沢を持つ炭素質の灰

　この写真の奇妙な物体は、世界の多くの場所で見つかりますが、出会う頻度は稀です。一見すると金属の燃えかすか何かのようで、時には絹のような光沢があり、大きさは0.3〜1.2mmくらいです。磁性はなく、EDSで化学組成を分析すると、ほぼ純粋な炭素であることがわかります。

　このようなガラス化した炭素粒子は、現代の堆積物からも、3万2000年前の粘土からも発見されます。しかしそれがどうやってできたのかは謎のままです。ガラスに似た炭素はヤンガードリアス期〔最終氷期終了後の温暖期に入ってから急激に再び寒冷化した亜氷期、約1万2800年前〜1万1600年前〕の層でも報告され、クローヴィス彗星仮説〔彗星の衝突が寒冷化をもたらしたとする説〕と関連付けて語られています。さらに、非常に稀な炭素隕石であるCIコンドライトというグループがあり、微隕石の親類であるように見えますが、CIコンドライトの化学スペクトルはこの炭素の灰よりもずっと複雑です。大胆な想像をするなら、もしかして木を燃やした時の飛散灰でしょうか？

人間の活動に由来する小球体

赤色スコリア質小球体

　このパートで紹介する小球体は世界中の多くの場所で見つかりますが、たいてい少数しか出現しません。磁性があり、形態的な特徴はとてもバラエティーに富んでいます。内部は通常は黒色不透明のガラス質で、気泡があります。ものによっては気泡部分が白い鉱物で埋まっていたり、気泡が開いていて滑らかなガラス質の内面が見えたりし、時折は酸化鉄の縁取りがあるものも存在します。外側は赤茶色で、しばしば白や黄色の突起があり、こちらも時には部分的に酸化鉄の縁取りがある例が見られます。真ん中に煙突のように穴があいていることもよくあります。揮発性元素が外へ出た時の穴かもしれません。

　これらの小球体が何からどうやってできたのかははっきりわかりません。ただ、地球でできたことは確かです。閃電岩（せんでんがん）(126ページ)あるいは何らかの燃焼生成物 (96ページ) の可能性も考えられますし、もしかしたら溶接のスラグかもしれません。サイズは0.1～10.0 mm程度で、通常の燃焼機関からの排出物としては大きすぎます。高いビルの雨どいで頻繁に見つかるので、それが閃電岩説の根拠のひとつになっています。

人間の活動に由来する小球体

赤色スコリア質小球体

人間の活動に由来する小球体

人間活動の跡

　産業革命は歴史の大きな転換点でした。日常生活のほとんどすべての側面がなにかしらの影響を受け、その影響は地質学における堆積物にも及びました。世界的に、おおむね1760年以降の地層には人間の活動や工業に由来する小球体（82～121ページ参照）が見つかります。だからこそ、これまでの微隕石探査は人間が原因の混入物がない自然環境——南極の先史時代の層、砂漠の奥地、海洋底、氷河——で行われてきたのです。

　人が住んでいる場所でも地球外からやってきた粒子を抽出できることがわかった今、私たちはこれまでとは逆の方向をめざしてもいいのではないでしょうか。まずは空に向かっている広い面を探し、どうすれば人間活動の痕跡を見分けられるかを学ぶことからスタートするのです。人間の活動に由来する小球体の大部分は、形態上の特徴（複合的な形をしている、多数存在する、つぶれたり跳ね散ったような形である、尾がある、転がったような跡がある、など）から識別できます。人間が作った小球体の多くは、飛び散る火花の中で生成します。地面に落ちた時にはまだ部分的に融けた状態にあることもあります。

　それに対して、微隕石（9～75ページ）の外観は上層大気の中で形成されますから、その独特なできかたによる空気力学的特徴のある形状と表面構造を持っています。微隕石は融けたままで地上に落ちることは決してありませんし、同じ場所にたくさん存在することもありません。このふたつの点を頭に入れておけば、たいていの場合、微隕石とそれ以外とを見分けることができます。

その他のタイプの小球体

　本書で紹介している「人間の活動に由来する小球体」と「地球上で自然にできた小球体」は最も一般的なタイプであり、世界じゅうで見つかる小球体の大部分はこのどちらかに分類できます。本書がたくさんの写真を載せているのは、人の住んでいる場所で採集したサンプルの中から微隕石を選び出しやすくするためです。これらの他にもいろいろなタイプはありますが、めったに見つからないか、特定の地域や場所に限って存在するかのどちらかです（後者は、場合によっては多数見つかることもあります）。

　球形をした凝固物、仮晶〔鉱物が本来の結晶形ではなく、他の結晶形をなすこと〕、微化石、ブドウ房状結晶、菌核粒子、細菌由来の球形無機物、あらゆる鉱物を扱う産業で生み出される小球体、さらには核実験によって生成する小球体（トリニタイト）まで、さまざまなタイプが存在します。球という形は、最小の表面積で最大の体積を実現するために自然が生み出した形で、たいていの場合は液体の時に表面張力で球形が形づくられます。

　人間の活動に由来する小球体として近年急速に増えているタイプにマイクロプラスチック〔微小なプラスチック粒子〕があります。現代の最も特徴的な堆積粒子のひとつと言っていいでしょう。それでも、本書第I章の微隕石の画像と比較することで、地球上で生まれた小球体の大半は形状だけから微隕石とは別のものとして識別できますし、そのうえで簡単な化学分析を組み合わせれば、より精度が上がります。

ベアリング

Ⅳ 地球由来の物体

角が取れて丸くなった鉱物粒

　微隕石を探す時、最初に出くわす丸い物体としてよくあるのが、砂、つまり浸食で丸っこい形になった小さな鉱物粒です。日々世界中で大量の砂が風で運ばれています。世界の鉱物塵の放出量は年間10億〜50億トンくらいと考えられており、サハラ砂漠から飛ぶ砂だけで6000万〜2億トンあると推測されます。そのうちかなりの量の砂は、大西洋を越えてカリブ海やフロリダまで飛ばされていきます。

　ですから、丸い鉱物粒は予想もしなかった場所でも見つかります。けれどもたいていは、顕微鏡で形態をよく調べれば、その粒子が微隕石に特徴的な構造のいずれかを持っているかどうかが判断できます。

地球由来の物体

磁鉄鉱

　微隕石探しで成功するための正攻法、それは磁石を使うことです。集めた塵を洗って乾かし、ふるいにかけて0.1〜0.4mmのサンプルを取り出し、次に磁性を持つ粒子を抽出します。こうすると、微隕石の可能性のある標本の含有率が高まります。長期間にわたって上空から降ってきた粒子がたまっている広い場所でサンプルを採集すれば、微隕石が含まれる可能性を上げることができます。地球由来の鉱物粒子があまり落ちていない場所ならなおさら好適です。

　ところがここに、ほとんどあらゆる場所で見つかるうえ、地球上の天然鉱物の中で最も磁性が強い、そんな鉱物があります。それは磁鉄鉱です。道路粉塵、海辺の砂、砂漠や山岳地、さらには屋根の上の塵の中から微隕石を探そうとすると、そこにはこのページの写真のような磁鉄鉱がたくさんあって、磁石にくっついてきます。

閃電岩(フルグライト)

　自然界で岩が融けるプロセスは、火山と隕石衝突と落雷の3種類です。宇宙から飛来した小球体を探索する際、私たちは溶融した跡のある粒子を探します。溶融微隕石は、摩擦で融けた痕跡のある球形と特徴的な構造によって他の鉱物粒子と区別することができます。けれども、融けた鉱物粒子を探していると、隕石とは別のタイプのもの──たとえば閃電岩(フルグライト)──にも遭遇します。

　閃電岩は、雷管石とも呼ばれる管状のガラスで、砂地に雷が落ちて砂が融けることで生成します。稀に、雷が岩を直撃して穴をあけることがあり、そうすると融けた岩の滴が跳ね散って、表成の〔地表で生成した〕閃電岩ができます。もうひとつ、最近発見されたタイプとして、噴火している火山の噴煙内を雷が走ることによって作られる表成火山性閃電岩があります。

　第4のタイプが、表成植物性閃電岩です。もしかすると、4つのタイプのうちでこれが最も一般的かもしれないのですが、まだ適切に報告されていません。このページの写真の小球体は、雷が木に落ちて電流が腐植物と土を通って大地に抜けていった場所で発見されました。色はそれぞれ異なっているにもかかわらず、EDSで分析したところ化学スペクトルは驚くほど似通っていました。どれもケイ酸アルミニウム(時折、酸化鉄の縁取りがある)で、炭素はほとんど含まれていなかったのです。ただし、この点は雷が落ちた場所の土壌の含有物によって違いがあることでしょう。これらの小球体のおよそ3分の1は磁性を持っていて、その大半は金属(酸化鉄)の縁取りがあります。サイズは0.2〜6.0 mmで、採取地は米国ミシガン州のアナーバーとイプシランティです。

　世界全体でみると、毎秒100回の落雷が起きています。落雷でできるこうした浸食抵抗性の高いシリカ(二酸化ケイ素)の小球体は簡単には分解されませんから、このタイプの小球体はどこででも見つかると考えられます(115ページも参照)。

地球由来の物体

閃電岩

まぎらわしい生物由来物体

　微隕石探しで楽しいのは、現場での採集が済んだ後の段階、つまり集めた塵のサンプルを顕微鏡で見て調べる時です。私はまず双眼実体顕微鏡で観察して有望な候補を選び出し、USB顕微鏡でさらに高い倍率で精査しています。けれどもその前に、塵のサンプルを洗浄し、乾かし、ふるい分けなければなりません。ふるい分けには、1.5 mmと0.4 mmの2種類のふるいを使っています。

　1.5 mmよりも大きなかけらのほとんどを除外すれば、中間のサイズ（0.4〜1.5 mm）のものを調べることができます。このグループの粒子は表面の構造がはっきり見えるくらい大きいのですが、これほど大きな微隕石はめったにありません。0.4 mm未満の微小な粒子は数えきれないほど多数ありますから、忍耐力が肝心です。ことわざに言う「干し草の山の中から1本の針を見つけ出す」ような調査をすることで微隕石が見つかる可能性があるのは、このサイズの粒子のグループです。ミシェル・モレットによれば、微隕石の粒子サイズの分布は0.2 mmから0.4 mmの間にピークがあります。

　ですから、時間をかけて顕微鏡をのぞき込み、塵のサンプルから微隕石を探そうとすると、目の前にはありとあらゆる種類の地球由来の粒子が無数に現れます。時々、有望な微隕石候補や普通とは違う物体が見つかって、精査のためによけておきますが、詳しく調べたら生物由来——植物の種子、カタツムリの殻、昆虫の体の一部、微化石、糞、菌、菌核粒子など——だったということもあります。自然界には美しいものがあふれています。このページの写真は、地球外から来た石を探す人たちを惑わせると同時に喜ばせもする、生物由来のまぎらわしい物体です。

地球由来の物体

隕石クレーター周辺のインパクタイト〔隕石衝突の衝撃で岩が融けてできたガラス状の岩片〕の小球体

マイクロテクタイトとマイクロクリスタイト

マイクロテクタイトとマイクロクリスタイトは、大型の小惑星隕石が地球に衝突した際に生成する、1mmに満たない小球体です。主に、隕石の衝撃で溶融し蒸発した地球岩石でできています。マイクロテクタイトはテクタイト〔隕石衝突によって作られる天然ガラス〕の小さいものですから、定義上は全体がガラス質で、融けた小滴の一粒一粒からできることもあれば、吹き飛んだマイクロテクタイト素材物質やその気化物の凝集体からできることもあり、はっきりしたひとつのグループを形成しています。マイクロクリスタイトは気化物の凝集体だろうと考えられていますが、マイクロテクタイトと違うのは、ガラス質の部分と結晶質の部分が混じっている点です。隕石の衝突地点付近から飛び散った衝突岩の液滴(溶けた岩石のしぶき)には、隕石が衝突したところの岩石よりも隕石由来の物質がより多く混じってくるため、二酸化ケイ素成分に乏しい化学組成を持ちます。このような化学組成を持つ溶けた岩石のしぶきが冷却すると、ある程度結晶化が起きると考えられます。

マイクロテクタイトが見つかるのは、地球上に5ヵ所確認されているテクタイト飛散地域のうち3ヵ所の、特定の地層です。それよりも規模が小さいクレーターの周囲でも、小球体が見つかることがあります。たとえば、132ページの写真は米国アリゾナ州の隕石クレーターで発見された珍しいS型(ケイ酸塩主体)小球体です。最も有名なマイクロテクタイト(が変化したもの)は、イリジウムを豊富に含むK-Pg境界〔白亜紀と古第三紀の境目〕で発見されたもので、この境界はメキシコのユカタン半島にあるチクシュルーブ・クレーターを作った隕石がもたらしたとされています。このページの写真は、およそ6600万年前のその隕石衝突によって作られた小球体です。左上の1個はカナダのサスカチュワン州、下の黒い小球体は米国サウスダコタ州ハーディンのヘル・クリークで発見されました。

ロナール・クレーター湖の小球体

インドのマハーラーシュトラ州ブルダーナー県に、50万年以上前に落下したとみられる隕石によって作られた、直径1.88 kmのクレーター——ロナール湖——があります。あまり荒らされていないこのクレーターの周囲には、地球上の大部分の小球体とは異なるインパクタイト〔隕石衝突の衝撃で岩が融けてできたガラス状の岩片〕の小さな粒が散らばっています。ここで見つかるのは、月や火星に多く存在すると推測されている成分を持った、玄武岩質のインパクタイト溶融滴が冷えて固まったものなのです。周囲の玄武岩と化学組成を比較すると、小球体にはクロム、コバルト、ニッケルが豊富なので、コンドライト隕石の残存物だと考えられています。

この見開きページの小球体は、ロナール・クレーター湖の縁で採取されました。わずかに磁性を持ち、大きさは0.5〜14 mmです。

地球由来の物体

ダーウィングラス

　ダーウィングラス・インパクタイトの粒は、オーストラリアのタスマニア島の西岸山脈にあるクイーンズタウン南方の、広さ410平方キロのテクタイト飛散地域で見つかります。およそ81万6000年前に20〜50メートルの隕石が衝突してできた、ダーウィン・クレーターと呼ばれる直径1.2 kmの隕石クレーターに由来する物質です。ここに写真を載せてあるのは融けた滴が固まった4〜8mmの粒で、クレーターから4〜5km離れた場所で発見されました。

　微隕石が世界に均等に分布するのに対して、マイクロテクタイトやこのダーウィングラスのようなインパクタイトは、特定のテクタイト飛散地域の、特定のひとつの地層にのみ存在します。白／緑色のインパクタイト小球体の主な成分は隕石落下地にあった変成岩ですが、黒／緑色のものはシリカの含有量が少なく、マグネシウム、鉄、クロム、ニッケル、コバルトといった、隕石に由来する地球外物質である可能性を持つ成分が多く含まれています。

ヴォルホヴァイト——ロシアのミステリー

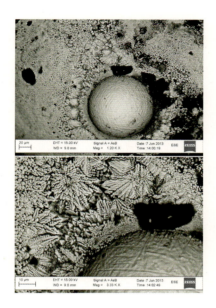

　華麗なヴォルホヴァイトは、テクタイトに似たガラス／マイクロクリスタイトで、大きさは0.1〜3.0 mm、苦鉄質〔マグネシウムと鉄を多く含む〕と超苦鉄質〔成分のほとんどが苦鉄質〕の合わさった組成を持っています。ロシアのサンクトペテルブルク近くを流れるヴォルホフ川沿いの融氷流水溜まりで見つかるので、この名があります。ゲンナージー・スクブロフが発見し、潜火山性ガラスとして報告しました。近年の研究では、ヴォルホヴァイトは小球体内部の微量元素に応じて4つの下位集団に分けられています。

　左の2枚のSEM画像はヴォルホヴァイトのマイクロクリスタイト構造で、酸化鉄のマイクロ球体のまわりに比較的大きな結晶が見えています。

　ヴォルホヴァイトは、急冷ガラス、灰（113ページ）、丸くなった石のかけらと一緒に見つかることが報告されています。ヴォルホヴァイトの小球体の一部は、さまざまな成分からなる小さな金属のビーズ（チタン、鉄、金、銅）を含んでいます。その一例が138ページの写真で、金属のビーズが外へ飛び出す直前に急冷されて閉じ込められたのが見て取れます。

地球由来の物体

ヴォルホヴァイト

ヴォルホヴァイト

イベルライト

　イベリア半島には、しょっちゅうアフリカから砂が飛んできます。その砂粒（123ページ）の中に、毛色の違う白っぽい小球体が混じっています。色は白から砂の色までの間で、しばしば垂直方向に軸がある形をしており、時には特徴的な渦巻きが見えることもあります。表面が白くなめらかなものもあれば、炭酸塩を糊がわりにして砂をくっつけてボールにしたようなものもあります（酸に反応します）。通常の砂粒とは違って簡単につぶれるので、粒子（1〜2 μmの鉱物粒子）が粗く集まったコア（核）があり、外側は白い粘土鉱物の微粒子でできた厚い殻であることがわかります。

　イベルライトは、地表に落ちる前に対流圏で成長します。サハラ砂漠の砂塵嵐で飛ばされた塵をたくさん含む空気の塊の動きと関係があり、しばしばイベリア半島を超えて北大西洋にまで運ばれていきます。サハラ以外の大砂漠でも、似たような小球体ができていると推測できます。

　このページと次ページの35個の小球体（0.3〜0.9 mm程度）は、スペインのコスタ・デル・ソルで採取しました。

イベルライト

ウーイド(魚卵石)とピソイド(豆石)

　微隕石はめったに見つかるものではありませんから、あるタイプの小球体が豊富に出てきたら、それは地球でできたものというしるしです。このページで紹介するのは、造岩材料になりうるタイプですから、地球外由来の微隕石探しで混同することはまずないのですが、それでも注意は払うべきです。こうした地球由来の"よく似た別物"に惑わされないようにしましょう。

　ウーイドは核(通常は鉱物粒か生物由来のかけら)のまわりに同心円状に無機物の層が成長し、0.25〜2mm程度の球形の粒子を形成したものです(大きさが2mm以上であれば、ピソイドと呼ばれます)。ウーイドが堆積してできる岩がウーリスです。一般的なウーイドの成分は炭酸カルシウム(鉱物でいえば方解石やアラレ石)ですが、リン酸塩、シリカ(チャート)、ドロマイト、鉄鉱物のこともあります。

　ウーイドは普通、暖かく浅い海の、波に洗われる潮間帯で形成されますが、時には内陸の湖でできることもあります。ウーイド形成のメカニズムは、まず小さなかけらが「種」(核)の役割を果たすところから始まり、潮間帯で寄せては返す強い波がその種を海底でころがすことで、飽和した海水から方解石成分が種の周囲に化学的に沈着して重なっていきます。この外層部分は融合して成長し、次第に球形になっていきます。ウーリスは、一般に大規模な斜交層理構造(水流の速さや向きが変化する場所で堆積が起きた時にできる、陸上でいえば砂丘に似た構造)の中で見つかります。

　このページと次ページの写真は淡水性の4.0〜5.0 mmのピソイドで、約1億1200万〜9700万年前の白亜紀のものです。モロッコのエルフード南東のトーズ近郊で発見されました。

ピソイド

ペレの涙——アクネリス

　地球全体に風で運ばれる鉱物粉末（123ページ参照）にはさまざまなタイプがありますが、そのなかで最もドラマチックなのは火山灰です。長い歴史の中で、多くの文明が火山灰に埋もれてきました。現代でも、火山灰は飛行機の運航などいろいろな面に影響しています。火山性の塵粒子のなかには一見するとS型ガラス質微隕石と見まごうものがありますが、必要に応じて化学分析を行うことで容易に識別できます。

　別名をペレの涙ともいうアクネリスは、球形の火山砕屑物（さいせつ）——つまり、噴火の際に空中に吹き上げられた火山ガラスの滴です。このガラス質の粒子は、噴出して飛び散ったマグマが急冷することで形成され、一般に火山礫サイズ（2〜64 mm）ですから、平均的な微隕石の10〜100倍の大きさです。

　アクネリスは、火山の噴火についてとても多くのことを教えてくれます。アクネリスの内部に閉じ込められた気泡（ガス）や粒子を調べれば、マグマだまりの成分に関する情報が得られます。形状は、火山の爆発の速度のめやすになります。このページと次ページのアクネリスのサイズは0.3〜1.5 mm、見つかった場所はインド洋に浮かぶレユニオン島のピトン・ド・ラ・フルネーズ火山の火口縁です。

アクネリス

道路粉塵の中の結晶

　微隕石を探して道路粉塵のサンプルを顕微鏡で調べていると、本当に多種多様な物体が現れます。時には、自然界の宝石——さまざまな結晶——に出会うこともあります。鉱物の世界をよく知らずにこうした目を見張るような幾何学的形状、カラフルな宝石、光沢を放つ金属を見ると、この世のものではないような気がします。けれども、結晶がこのサイズにきちんと成長しているのは、地球で生成した証拠です。

　ここで紹介するのは、ありふれた道路粉塵の中で微隕石を探索中に出会う、1mmに満たない驚異の結晶——偶然の芸術品——です。これまで誰も報告したことがない鉱物学のミニマリズムの代表であり、道路の浸食によって生まれた物体であり、都市の風景に降り積もる最下層の堆積物といえます。125ページの磁鉄鉱結晶もあわせて眺めてください。これらは地球外から来た微隕石の探索においては目標とは別のものとして注意深く識別し、取り除かなければいけないグループですが、それでも、見ていると楽しくなります。

道路粉塵の中の結晶

ラーセン流 微隕石の探しかた

1. ネオジム磁石を用意します。写真の磁石は直径3cmくらいです。
   【注意!】ネオジム磁石は非常に強力なので、電子機器や家電製品に近づけると故障の原因になります。取扱いには十分注意して下さい。

2. 磁石を厚手の密閉袋（食品保存用袋など）で2重に覆います。

3. 探索場所で接地させながら磁性粒子をくっつけます。濡れた面では集めにくいので、乾いた場所で収集するか、別の手段で粉塵を集めて持ち帰り、乾燥させてから磁石をあてます。
   【注意!】屋上や雨どいなどの高所や道路で採集する時は、危険防止に十分な注意を払って下さい。

4. 磁石ごしに粒子が付いたら3枚目の保存袋をかぶせ、磁石を2枚目の袋からはがして粒子を落とします。磁石にかぶせた袋には傷がついているので、2枚とも新品と交換します。

5. 粒子を入れた袋に日付や場所などのデータを書いて持ち帰り、重さをはかります。

6. ふるいを使って大きさ別に分けます。写真のふるいの目の細かさは、左が1.5mm、右は0.4mmです。

7. 1.5mmより大きいグループで微隕石が見つかる確率は低いです。0.4mm未満は、微隕石の可能性のある石が最も多く含まれているはずですが、粒子が細かすぎて扱うのが難しいのが難点です。写真は、左＞1.5mm、中0.4〜1.5mm、右＜0.4mm。

8. 双眼実体顕微鏡で観察します。1個1個の粒子を動かすには細い面相筆やつまようじの先が便利です。先を濡らせば1個だけ取り上げることもできます。本書を読み、写真と比べながら微隕石候補を探しましょう。

9. 雨どいの中身などで葉っぱや木ぎれの混入物が多い時は、たっぷりのぬるま湯と中性洗剤を使ってふるいで分けることを繰り返して粒子だけ取り出した後、磁石を使います。

10. もっと詳しい説明が著者のフェイスブックページにあります（英語です）。
    https://www.facebook.com/media/set/?set=a.328524007169491.79938.196022003753026&type=3

謝辞

　SEM／EDS分析はベルゲン大学電子顕微鏡研究室、オスロ自然史博物館、オスロ大学、エネルギー技術研究所、大英自然史博物館、オリンパス・ノルウェー、オリンパス・ヨーロッパ、その他多くの方にお世話になりました。本書の内容、分析、アイディアで協力して下さった方々のお名前を以下に挙げて感謝の意を表します。

Elisabeth Alve, Ragnar Andenæs, Don Anderson, Berit Løken Berg, Torbjørn Bergo, Arnulv Bergstrøm, Thaddeus Besedin, Giuliano Bettini, Morten Bilet, David Bradbury, Rune Bratfoss, Alessandro Colombetti, Alfred Dufter, Henning Dypvik, Egil Severin Erichsen, Hanne Finstad, Laurence Garvie, Matthew Genge, Michael Gilmer, Norvald Gjelsvik, Billy Glass, Kent-Rune Grande-Johnsen, Michael Güthmann, Aziz Habibi, Johnnie Harper, Irene Heggstad, Barbara Jahn, Tomasz Jakubowski, Annika Johansen, Pavel M. Kartashov, Jan Braly Kihle, Harald Koldrup, Tomek Kubalczak, Markus Lindholm, Trond Lindseth, John D. Mathews, Michel Maurette, Hans Arne Nakrem, Odd Nilsen, Martin J. Novak, Kjell Olufsen, Peter Pracas, Shyam M. Prasad, Johannes Rykkje, Emily Schaller, Rune S. Selbekk, Dupinder Singh, Gennady Skublov, Przemyslaw Stankiewicz, Gunnar Sælen, Susan Taylor, Øivind Thoresen, Ventsislav K. Valev, Aubrey Whymark.

　本書を最初に出版した際、外部からのまとまった資金援助はなく、以下の方々の予約だけが頼りでした。記して謝意を表明します。

Chris Watson, Niels Højgaard Andersen, Rok Gasparic, Patrick Brown, Jon Wallace, Inger Kjersti Iden, Jon Erik Eriksen, Andràs Fegyvàri, David Gonzales, Jonathan Kay, Jon Phillips, Nathan Swanson, Dolora Westrich, Craig Whitford, Arne de Gros Dich, Stefan Carlgren, Kristian Eek Haugen, Ljubomir Nestorovic, Tor Arne Holm, Andries Goedhart, Douglas Smith, Stein Rørvik, Marion Delannoy, Stephane Vermeulen, Eddie Johanna Dehls, Kalle Guldbrandsen, Hristijan Mitrevski, John Shea, Ragnhild Krogvig Karlsen, Arnulv Bergstrøm, Francesco Nicolodi, Runar Sandnes, Andre Moutinho, Martin Goff, Peter Bronton, Wenche Svindal, Erik Daems, Colin Cameron, Terje Fjeldheim, Norvald Gjelsvik, Roald Ellingsen, Elin Birgitte Sagvold, Helge Hustveit, Michael J. Simms, Nelson Holcomb, Grace Rivas Seland, Olav Bonifacio Rivas Seland, Eduardo Jawerbaum, Klaus Giesselmann, Torfinn Kjærnet, Espen Kolberg, Bethel Tzhaye, Johannes Fantayebil Kolberg, Lydia Fantayebil Kolberg, Tore Furuheim, Michael Hviid, Manfred Heising, Pierre Bels, Sam Crossley, Richard Zimmerman, Knut Edvard Larsen, Ole Tjugen, Jen Makowsky, Jan Strebel, Kieran Davis, Graham Ensor, Thomas Hughes, Zbigniew Godwinski, Nina Thomassen, Olav Rokne Erichsen, Gro Eileraas, Markus Lindholm, Øystein Johannessen, Taylor Trott, Daniel Wray, Ola Antonsen, Jacob Wilk, Rob Wesel, Bente Veronica Johansen, Jean-Marie Biets, Arild Sakshaug, Michael Santos, Sigbjørn Mork, Daniel Belliveau, Troy Bell, Thor Sørlie, Herløv Haug, Roy Magnus Andersen, Heidi Cathrin Størholt, Dale Nason, Pål Tore Mørkved, John Scott Parker, and Pawel Sikorski.

さくいん

アルファベット
CIコンドライト　113
EDS → エネルギー分散型X線分光分析
I型磁性小球体　83
K-Pg境界　133
SEM → 走査電子顕微鏡
S型（ケイ酸塩主体）小球体　133
USB顕微鏡　9, 130
V型（ガラス質）微隕石　94

あ
アクネリス　145
アスファルト　107, 111
アブレーション　5, 10, 11, 13
アブレーション小球体　76
イベルライト　141
イリジウム　133
隕石煙粒子　15
隕石衝突　127
インパクタイト　131
隠微晶質微隕石　42
ウーイド　143
ウーリス　143
ヴォルホヴァイト　137
ウスタイト　83
宇宙塵　9
エコンドライト　12-13
エネルギー分散型X線分光分析（EDS）　11
大型鉄小球体　87

か
火山　127
雷　127
ガラス質微隕石　51
カンラン石　11
金属光沢を持つ炭素質の灰　112
クリスマスツリー　13, 72, 88, 103
ゲンジ、マシュー　7, 12-13, 17
黒色磁性小球体（BMS）　107
黒色炭素　107
コンドライト　10, 11-12, 13
コンドルール　79

さ
サハラ砂漠　141
磁鉄鉱　83, 124-125
磁鉄鉱　124
樹枝状の磁鉄鉱結晶　10, 13
シュリーレン構造　101
蒸気機関車　96
小惑星　15
シリカ　127, 143
スコリア質　12, 115
砂　122
生物由来物体　130
閃光　103
閃電岩　127
双眼実体顕微鏡　9, 91, 130, 150
走査電子顕微鏡（SEM）　9, 17, 92

た
ダーウィングラス　136
チェリャビンスク隕石　76
テイラー、スーザン　7, 17
テクタイト　79
道路粉塵　101, 124, 147-149

な
南極　7, 9, 17, 24, 119
ノルウェー微隕石データベース　24

は
パーカッションマーク　101
白金族ナゲット　88-89
花火　103
斑状微隕石　35-37
微隕石
　　起源　12
　　形態学　24
　　探し方　150
　　飛来　12-13, 14-15
　　本物かどうかの見分け方　11
非磁性ガラス小球体　94
ピソイド　143
火花　92
プロジェクト・スターダスト　9
ベアリング　121
ペレの涙→アクネリス
棒状カンラン石微隕石　29, 30, 40

ま
マイクロクリスタイト　133
マイクロテクタイト　133
マイクロプラスチック　120
ミネラルウール　99

や
屋根材　111
ヤンガードリアス期　113
溶接工場　91

ら
ライター　92
ロックウール　99
ロナール・クレーター湖　134